HISTOIRE
DE L'EFFICACITÉ
DE L'EAU.

NANCY, IMPRIMERIE D'HÆNER.

HISTOIRE
DE L'EFFICACITÉ
DE L'EAU
ET DE
SON INFLUENCE SUR LA SANTÉ
ET LA BEAUTÉ DU CORPS ;

Entremêlée d'ANECDOTES curieuses sur ses propriétés comme boisson, comme moyens préservatifs et curatifs des maladies, et comme avantages dans la génération et dans l'éducation physique des enfans ;

D'après l'avis des plus célèbres médecins et philosophes anciens et modernes.

PAR EDWARD-ROWE ;

Traduction de l'anglais, augmentée de l'opinion de quelques médecins français, allemands et italiens.

PARIS,

LUGAN, LIBRAIRE, passage du Caire, n° 121;
GABON et COMP^ie, rue de l'École-de-Médecine;
BOUQUIN-DELASOUCHE, boul^rd St.-Martin.

1824.

INTRODUCTION.

PERSUADÉ qu'on ne doit rien négliger pour se rendre utile au genre humain, quand, par sa position ou ses connaissances, on se trouve à même de le faire, je me suis cru obligé de donner connaissance au public des bons effets que l'usage de l'*eau commune* peut produire. J'ai donc fait un recueil de tout ce que les plus célèbres médecins ont écrit sur les bonnes qualités de ce liquide; de ce que plusieurs personnes dignes de foi ont éprouvé après un usage suivi, et encore de ce que j'ai pu reconnaître par moi-même, après une expérience de quarante-quatre ans (depuis l'âge de trente jusqu'à soixante-quatorze ans). Une telle expérience, certes, a suffi pour me confirmer les effets merveilleux attribués à l'eau dans beaucoup d'occasions, et je vais en faire mention comme de la découverte d'un remède excellent, qui peut faire des cures sans le moindre embarras, sans aucune dépense, et que l'on peut se procurer en quelqu'endroit que ce soit. Il n'en est pas de même des autres remèdes; de sorte que, en quelque façon, l'*eau* peut mériter le titre de *remède universel*, puisque dans les maladies qu'elle prévient ou guérit, on peut s'en servir en toutes circonstances; qu'elle convient à toute sorte de personnes; et qu'elle se trouve partout où la terre est habitée.

HISTOIRE
DE L'EFFICACITÉ
DE L'EAU.

De l'excellence de l'Eau.

La première autorité que je rapporterai, pour recommander l'usage de l'eau, sera celle du docteur Manwaring, dans son traité intitulé, *Méthode et Moyen de jouir d'une santé parfaite*, où il est dit, que l'eau est une boisson salutaire, ou plutôt la chose la plus salutaire qu'il y ait pour l'homme. Ce qui prouve évidemment que c'est la boisson la plus convenable à l'homme, c'est qu'elle remplit toutes les intentions des boissons ordinaires ; car elle rafraîchit, elle humecte, elle étanche la soif ; elle est claire, simple et propre à transporter le suc nourricier dans les vaisseaux les plus petits de notre corps ; c'est d'ailleurs une boisson qui, par elle-même, est loin d'exciter à l'intempérance, et dont l'usage ne demande que très-peu de précaution, *puisqu'il n'est personne qui soit tenté d'en boire plus qu'il ne faut.* Et dans les premiers âges du monde, où l'on ne buvait que de l'eau, on vivait plusieurs siècles, et les hommes n'étaient pas si souvent malades, ni si sujets à des infirmités qu'à présent.

Le docteur Keill, en parlant de l'estomac, dans son *Abrégé de l'Anatomie du corps humain*, dit qu'il n'est rien, selon les apparences, qui soit si propre à digérer les alimens que l'eau ; les liqueurs spiritueuses étant plutôt nuisibles que propres à aider la digestion : Cela se trouve confirmé, dit-il, par les mauvais effets qu'elles produisent dans ceux qui, par un long usage de ces liqueurs, ont perdu l'appétit, que l'on a toujours de la peine à rétablir sans l'usage de l'eau : *celle-ci, au contraire, procure toujours un bon appétit et une bonne digestion.*

Le docteur Baynard assure la même chose lorsqu'il dit *que l'eau liquéfie et digère les alimens mieux qu'aucune liqueur fermentée.* (Histoire des Bains froids, page 440.)

Le docteur Prat, dans son *Traité des Eaux minérales*, donne à entendre que, si on s'accoutumait à boire de l'eau, on se trouverait beaucoup moins sujet à un grand nombre de maladies, comme aux tremblemens, à la paralysie, à l'apoplexie, aux vertiges, aux douleurs de tête, à la goutte, à la pierre, à l'hydropisie, aux rhumathismes, aux hémorroïdes, et aux autres maladies de cette nature, qui sont très-ordinaires à ceux qui usent de boissons fortes; maladies pourtant qu'on pourrait généralement prévenir par l'usage de l'eau. Il dit, outre cela, que *l'eau, prise en quantité, fortifie l'estomac, procure de l'appétit, conserve la vue, rend les sens plus vifs, et nettoie tous les couloirs du corps*, surtout ceux des reins et de la vessie.

Le sieur Duncan dit aussi, dans son *Traité des Liqueurs chaudes*, que lorsque les hommes se contentaient de l'eau pour boisson, *ils avaient beaucoup plus de force et de santé;* et que ceux qui, encore aujourd'hui, ne boivent que de l'eau, se portent beaucoup mieux, et vivent plus long-temps que ceux qui boivent des liqueurs fortes, *qui échauffent prodigieusement l'estomac, au lieu que l'eau le tient dans une juste tempéra-*

ture. Il ajoute, dans un autre endroit du livre, que *les liqueurs chaudes enflamment le sang;* et que ceux qui ont le sang enflammé ne vivent pas si long-temps que ceux qui savent le conserver dans une température modérée, *un sang échauffé étant communément la cause des fluxions, des rhumes, d'une mauvaise digestion, des douleurs dans les membres, du mal de tête, de l'obscurcissement de la vue, et surtout des vapeurs hystériques.* Il impute aussi la cause des ulcères à un sang échauffé, et il déclare que si les hommes, au lieu de s'échauffer, tempéraient leur sang par une diète modérée et rafraîchissante, ils n'auraient jamais aucun ulcère. Le vrai moyen de procurer au sang cette température ou cette fraîcheur, c'est de boire le matin un grand verre d'eau, qui emporte par les urines toutes les particules bilieuses et salées. L'usage de l'eau, après dîner, sert aussi à rafraîchir un estomac échauffé, et à prévenir les fermentations qui causent les vents, dont on est souvent incommodé après le manger : de sorte que si les personnes qui sont sujettes à ces incommodités, abandonnaient les liqueurs fortes et les alimens chauds, pour boire de l'eau, elles se procureraient une santé beaucoup plus parfaite qu'auparavant.

M. Floyer, dans son *Traité dès Bains froids*, page 109, 5e édition, assure aussi que les buveurs d'eau sont tempérés dans leurs actions, prudens et ingénieux; qu'ils vivent sans être sujets aux maladies qui attaquent la tête, comme à l'apoplexie, à la paralysie, aux douleurs, à l'aveuglement, à la surdité, à la goutte, aux convulsions, aux tremblemens, à la folie; et que l'eau guérit le hoquet, la mauvaise odeur de la bouche, et de tout le corps; qu'elle résiste à la corruption, tempère la trop grande chaleur et la soif, et

qu'après-dîner, elle aide la digestion....
Et si l'on considérait sérieusement les vertus de l'eau froide, tout le monde la regarderait comme un grand remède pour prévenir la pierre, l'asthme, et les vapeurs hystériques, et on y accoutumerait les enfans dès le berceau. A la page 434, il dit encore que comme l'eau est en général la boisson universelle des hommes.... *de même aussi est-elle la meilleure et la plus saine*. Et, à la page 437, qu'il a connu des personnes dans lesquelles l'usage réglé de l'eau de source a produit des cures étonnantes, enlevant du sang les sels acides scorbutiques, et fortifiant les membranes et les fibres de l'estomac et des intestins; *et qu'elle leur a procuré un bon appétit et une bonne digestion*.

Je me souviens d'avoir lu un ancien livre, dont l'auteur se nomme Thomas Elliot, intitulé *le Château de la Santé*, où il rapporte, d'après sa propre expérience, que dans le comté de Cornwal, les pauvres gens, qui, de son temps, ne buvaient jamais, ou du moins que très-rarement, d'autre boisson que de l'eau, quoique dans un quartier très-froid, étaient vigoureux et vivaient jusqu'à un âge très-avancé.

M. Blount rapporte un fait tout-à-fait conforme à cette assertion, lorsqu'il assure, dans ses *Voyages au Levant*, où l'usage du vin est défendu par la loi musulmane, et où l'eau sert de boisson commune, qu'il avait alors l'appétit fort bon, et qu'il n'avait jamais si bien digéré que dans ce temps-là.

M. Gedeon Harvey, auteur du *Traité de la vanité de la Philosophie*, assure que ce n'est pas la chaleur qui cause une bonne digestion, *mais un ferment propre ou une liqueur préparée par la nature*, qui dissout et change les alimens en une espèce de bouillie. Il dit que les liqueurs chaudes gâtent ce dissolvant, et ainsi il recommande l'eau préférablement à toute autre boisson pour aider la digestion.

Pour la goûtte et la maladie hypocondriaque.

Le sieur Allen dit aussi que l'usage de l'eau est bon pour prévenir deux maladies terribles, la goutte et la mélancolie hypocondriaque; car il dit que la goutte est causée, en général, par un trop grand usage des liqueurs fermentées, *et qu'on n'a jamais dit qu'elle ait porté aucune atteinte à un buveur d'eau.* Il dit aussi *que la mélancolie hypocondriaque ne se fait pas sentir sitôt dans les buveurs d'eau qae dans ceux qui boivent des liqueurs fortes.* On me permettra d'ajouter à cela, que je me souviens d'avoir connu un gentilhomme goutteux, qui, pour éviter les occasions de boire qu'il trouvait à Londres, se retira dans New-brenfort, où j'étais en ce temps-là : il vécut dans cette ville deux ans entiers sans sentir aucune atteinte de goutte, ne faitant qu'un repas par jour, et n'usant pour toute boisson que de l'eau. Mais une personne, qui passait par cet endroit, le fut voir, et l'invita à boire une bouteille de vin qu'ils partagèrent ; il eut, le lendemain, un terrible accès de goutte, qui le tint plus d'un mois : il en guérit pourtant, et il reprit sa manière de vivre, dont il se trouva fort bien jusqu'à mon départ de cette ville qui, arriva un an et demi après l'accès.

Pour la gravelle.

Une preuve évidente des bonnes qualités de l'eau, c'est qu'elle prévient la gravelle, car Zecchi, médecin de Bologne, dans sa *dix-septième Consultation*, selon la citation de Salmon, assure que rien ne tempère tant la chaleur des reins, et ne débarrasse si bien les matières qui causent des douleurs dans le dos (une des grandes marques de gravelle) , que l'eau. Mais il nous avertit de la boire chaude ; et il dit que l'usage de cette boisson éteint si bien, avec le temps, la trop grande chaleur, qu'à la fin la matière qui cause la gravelle, cesse de se produire dans le corps. J'ai trouvé par expérience que cela était vrai ; car ayant observé dans mes urines, pendant plus d'un an, beaucoup de gravier, et une grande quantité d'une matière semblable à du son, qui flottait dans l'urine, avec beaucoup de particules qui ressemblaient à des coupures de cheveux, dont quelques-unes étaient longues d'un pouce, sans que je pusse y trouver aucun remède, on me conseilla de boire de l'eau, dont l'usage, après six mois ou environ, me délivra entièrement de tous ces symptômes, que quelques ignorans imputaient à un sortilége; de sorte que, depuis ce temps-là jusqu'à présent, je n'en ai jamais été incommodé.

Pour prévenir la génération de la pierre dans la vessie.

On recommande aussi l'eau, comme très-efficace pour prévenir la génération de la pierre dans la vessie; car on a observé, que dans ceux qui ont été taillés, il s'engendre quelquefois de nouvelles pierres, de sorte qu'il s'est trouvé plusieurs jeunes gens, à qui on a été obligé de faire l'opération plusieurs fois. Pour prévenir cela, on a conseillé avec succès l'usage de l'eau, qui tempère et abat la chaleur excessive du corps, dont cette maladie n'est qu'une suite. Quelques-uns conseillent de la boire chaude, et d'autres froide, et entr'autres Vander-Heyden, médecin de Gand, dans son livre intitulé, *Secours pour les riches et pour les pauvres*, où il dit, page 49, que Pison et Alexandre l'ont suffisamment insinué. Ce dernier nous assure qu'un verre d'eau froide, pris le matin, a fait de si grands biens, que plusieurs personnes, après avoir rendu une pierre, n'en ont jamais plus ressenti aucune attaque.

Cette expérience peut donner quelque jour pour découvrir le moyen de guérir la pierre sans tailler; car si en buvant de l'eau, qu'elle soit chaude ou froide, on peut empêcher qu'il ne se forme de nouvelles pierres, on empêchera aussi qu'une pierre déjà formée ne grossisse davantage; et si on peut empêcher l'addition d'une nouvelle matière qui augmente une pierre nouvellement formée, la nature, avec le temps, pourra détruire celle qui est déjà formée, principalement si on ajoute à l'eau qu'on boit quelques gouttes d'esprit-de-nitre, qui rafraîchit beaucoup, et qui est reconnu pour un diurétique admirable; il détruit aussi la pierre, et la réduit en poudre semblable à de la terre à foulon, si on y en jette dessus. On peut aussi mettre un peu de miel dans l'eau : un apothicaire très-habile m'a appris que cette pratique est fort en usage présentement parmi les personnes de haute condition; il m'a dit qu'à présent, parmi elles, l'eau de pompe et le miel étaient fort en réputation pour soulager dans la gravelle; et il y a une si grande affinité entre la gravelle et la pierre, que ce qui est propre pour l'une convient à l'autre, et peut, par conséquent prévenir l'une et l'autre.

Pour les femmes enceintes.

SENNERT, dans ses ouvrages, appelle l'eau *le baume des enfans;* et il dit qu'afin de les fortifier avant leur naissance, et de prévenir les maux qu'on leur cause en buvant des liqueurs fortes (ce qui ne fut pas permis à la mère de Samson; car il lui fut ordonné de ne pas boire de vin ni d'aucune boisson forte; *Jug. xiij.* 4. 14), il faut que la mère boive de l'eau. Mais je ne dirai pas pour cela, que si toutes les femmes faisaient la même chose, leurs enfans seraient aussi forts que Samson; je dirai seulement, que si elles en faisaient de même, leurs enfans seraient moins sujets aux maladies, et à cette humeur revêche, et d'autant plus aisés à nourrir et à élever, et qu'ils seraient moins exposés à une mort prématurée. Il y a un grand nombre de gens riches, qui, faute de s'abstenir des liqueurs fortes, ont de la peine à élever leurs enfans, en comparaison des pauvres ; car les mères de ces derniers, bien éloignées de faire des excès de boisson, leurs tables n'étant pas servies avec des mets exquis et délicats, *qui sont un aliment trompeur* (Prov. xiij., 3), ne goûtent que fort rarement du vin ou des liqueurs fortes ; au lieu que les riches, non contentes de faire bonne chère, boivent des liqueurs fortes, qui échauffent extraordinairement, et corrompent les humeurs ; la même chose arrive au sang, dont leurs enfans se nourrissent pendant la grossesse. On empêcherait que ces inconvéniens n'arrivassent aux enfans qui ne sont pas encore nés, si les mères observaient une diète modérée, si elles buvaient de l'eau, surtout dans les repas ; ce qui rafraîchirait et purifierait leur sang ; précautions qui serviraient à communiquer nécessairement une nourriture saine aux enfans, et à prévenir toutes les maladies qu'ils apportent avec eux en venant au monde.

Pour augmenter le lait.

On peut ajouter ici, qu'on a vu par plusieurs expériences, que lorsque les nourrices manquent de lait dans le temps qu'elles allaitent les enfans, elles n'ont qu'à boire de l'eau, pour avoir beaucoup de lait; c'est un fait dont on reconnaîtra la vérité, si on veut mettre ce conseil en usage. J'ai conseillé à plusieurs de le faire, et elles ont observé qu'en buvant un grand verre d'eau en se couchant, elles avaient assez de lait pour toute la nuit, tandis qu'auparavant elles n'en avaient point, et qu'elles ne pouvaient en avoir d'aucune autre manière. Outre cela, lorsque les enfans ne peuvent pas reposer, à cause de la trop grande chaleur du lait, elles n'ont qu'à boire de l'eau, leur lait se rafraîchit, et les enfans sont beaucoup plus tranquilles.

Pour apaiser la faim.

En buvant de l'eau, on peut souffrir pour un temps le défaut de nourriture, sans pour cela mourir de faim : car un de mes amis, homme digne de foi, qui était officier de navire, m'a appris, qu'ayant été envoyé à Strafford, pour voir quelques hommes qu'on avait pris de force pour servir sur mer, et que l'on conduisait à bord, il en trouva un, dans la prison où on les gardait, qui avait dit qu'il se laisserait plutôt mourir de faim, que d'aller sur mer. Il observa soigneusement sa conduite, et il trouva, après une recherche exacte, que durant vingt jours il avait refusé de prendre aucune sorte d'aliment; il buvait seulement par jour environ trois pintes ou deux quartes d'eau, espérant par-là de se délivrer; mais lorsqu'il eut vu que ses espérances étaient vaines, et que dans deux jours ils allaient tous marcher pour Londres, ils consentit à prendre quelque nourriture, mangeant peu au commencement; et dans la marche on observa qu'il marchait aussi bien que le plus fort de la troupe.

Dans les *Lettres* du docteur Car, j'ai trouvé une relation d'un certain fou de Leyden, qui disait, dans le temps que le docteur était à l'université de cette ville, qu'il jeûnerait aussi long-temps que Jésus-Christ le fit; et on observa qu'il resta quarante jours sans prendre aucune nourriture; il ne buvait que de l'eau, et fumait du tabac. Et je me souviens d'avoir vu une fois une vieille femme qui se plaignait de l'excès de sa misère, assurant qu'elle était plusieurs fois sans rien manger deux ou trois jours; là-dessus, je lui demandai, si, durant ce temps, elle ne souffrait point de maux d'estomac; elle me dit que oui, mais qu'à la fin elle avait trouvé le moyen d'assouvir sa faim en buvant de l'eau, qui satisfaisait son appétit.

Pour fortifier les enfans faibles.

L'eau est encore d'un grand usage pour fortifier les enfans d'une faible constitution. Brown nous apprend, dans son *Traité des Cures, faites par les bains froids*, que dans la principauté de Galles, les femmes empêchent que leur enfans ne soient noués, en les lavant soir et matin avec de l'eau froide, jusqu'à l'âge de neuf mois. Et M. Floyer, dans son *Traité des Bains froids*, nous dit qu'une dame, en Écosse, qui avait perdu plusieurs enfans par faiblesse, conserva, par le conseil d'une pauvre femme montagnarde, ceux qu'elle eut dans la suite, en les lavant tous les jours avec de l'eau froide; et j'ai conseillé moi-même, à un de mes voisins, dont l'enfant commençait à se nouer, de le traiter de la même manière; mais au lieu de le laver, on le plongeait tous les matins dans l'eau par-dessus la tête, parce que c'était en été. Voici ce qui en arriva : l'enfant devint fort et vigoureux, paraissant se bien porter, quoique, auparavant cela, il eût le visage fort pâle et défait. L'on voit ainsi les grands effets que l'eau produit, lorsqu'on s'en sert extérieurement pour fortifier les esprits et la nature.

Pour prévenir et guérir les enflures des meurtrissures.

On sait aussi que pour prévenir les enflures qui succèdent aux meurtrissures du visage des enfans, on y applique immédiatement un morceau de linge en cinq ou six doubles, trempé dans de l'eau froide, ayant soin de le tremper de nouveau, à mesure qu'il commence à s'échauffer, car la fraîcheur de l'eau repousse et empêche l'affluence des humeurs dans la partie dont l'enflure est une suite nécessaire, de même que la couleur noirâtre qui succède bientôt à l'enflure; et si, pour avoir négligé de faire cela, l'enflure succède, on peut la dissiper et la résoudre, en fomentant la partie soir et matin, pendant une heure de temps avec de l'eau aussi chaude qu'on puisse la souffrir; car, de cette manière, on fera sortir et transpirer les humeurs à travers les pores de la peau, ou bien elles se dissoudront, et reprendront leur route.

Pour les maladies de l'estomac.

D'AILLEURS, il n'est point de maladie d'estomac que l'on ne puisse guérir par le moyen de l'eau; voici comment : prenez quatre quartes d'eau, mesure d'Angleterre (cette quarte revient à peu près à la pinte de Paris) ; faites-la bien chauffer sur le feu, de manière pourtant que vous puissiez la boire ; avalez-en une quarte à différentes reprises, ensuite entortillez un morceau de linge autour d'un petit bâton, jusqu'à ce qu'il soit de la grosseur du pouce ; attachez-le bien avec un peu de fil, et servez-vous-en pour vous exciter au vomissement, en tâchant de l'introduire un peu avant dans le gosier. Buvez, après cela, une autre quarte d'eau, et vomissez comme la première fois : il faut répéter la même chose trois ou quatre fois. Vous pouvez aussi vous exciter à vomir, en vous chatouillant le gosier avec le doigt, ou avec les barbes d'une plume d'oie ; mais le linge entortillé autour d'un bâton fait vomir avec plus de facilité ; ce qui arrive sans peine, lorsque l'estomac est rempli. Et en s'excitant à vomir de cette manière (opération qui ne demande pas plus d'une heure de temps), on rend les flegmes visqueux et gluans qui sont dans l'estomac, et qui causent des maladies ; de sorte que si, au commencement, on se servait de ce remède, notre corps ne serait point exposé à aucun désordre intérieur ; mais s'il y a déjà quelque temps que la maladie continue, il faudra se servir du même remède une ou deux fois de plus, ce qu'on peut faire dans trois ou quatre heures de temps, sans craindre d'autre inconvénient, que celui d'être un peu fatigué de la poitrine, inconvénient que la force de la nature dissipe bien vite. Je regarde, après une expérience de quarante ans, ce remède comme infaillible dans toutes les maladies d'estomac, de quelque cause qu'elles proviennent (1), et dans tou-

(1) Cela est trop général, car on doit bien se garder, par exemple, de faire vomir un malade de quelque manière que ce soit, lorsque l'estomac est attaqué d'inflammation.

(Note du Traducteur.)

tes les douleurs de ventre qui paraissent être au-dessus du nombril ; car je sais, par une longue expérience, que toutes ces douleurs sont dans l'estomac : on leur donne ordinairement le nom de coliques; mais cela est faux, car les véritables coliques sont toujours au-dessous du nombril. Jai soulagé de la même manière et avec le même remède, des douleurs très-violentes, causées par des moules venimeux qu'une personne avait mangés. C'est encore un remède assuré contre tous les désordres causés par la trop grande quantité d'alimens qu'on prend; de sorte que, de cette manière, on pourrait conserver la vie à une infinité de personnes, qui, faute de chasser dehors ce qui leur est nuisible, meurent souvent misérablement : car en nettoyant au commencement l'estomac, on prévient les maladies qui procèdent des excès de boire et de manger, ou des mauvais alimens, ou des humeurs visqueuses qui s'engendrent par une mauvaise digestion ; l'estomac étant l'endroit où toutes les maladies commencent d'abord. Personne n'était plus sujet à être malade que moi, avant que j'eusse atteint l'âge de trente ans; mais depuis que j'eus trouvé la manière de me faire vomir avec de l'eau, qui est un usage que j'observe depuis plus de quarante ans, je n'ai jamais été malade deux jours de suite; car d'abord que je me sens le moindre mal, j'ai recours à cette manière de vomir, qui dans une heure de temps me remet et me guérit entièrement de mon mal : ma famille entière en a senti les mêmes effets, de même que ceux à qui j'ai pu persuader d'en faire l'épreuve. Ce remède est si assuré, qu'il n'est point de médecin qui pût en conseiller un meilleur au roi lui-même, s'il était malade; car, en premier lieu, il n'est point dégoûtant; secondement, il ne rend point le patient plus malade, comme font les meilleurs des autres remèdes qui font vomir ; outre cela, c'est une manière de vomir à notre commandement, puisque nous pouvons l'interrompre lorsque nous le voulons ; et elle procure infailliblement la guérison de toutes les maladies d'estomac.

A la vérité, il y a certaines personnes, quoiqu'en assez petit nombre, qui disent qu'elles ne sauraient vomir de cette manière ; mais si elles ne peuvent pas vomir, elles n'ont qu'à prendre une pinte d'eau, lorsqu'elles se trouvent mal pour avoir trop mangé, et répéter la même chose de trois ou de quatre en quatre heures, sans rien manger, jusqu'à ce qu'elles aient faim ; et elles trouveront que l'eau digère et emporte ce qu'il y a de mauvais dans l'estomac. Le savant docteur Cheyne, dans son *Traité de la Goutte*, assure que boire une grande quantité d'eau chaude à déjeuner et dans les repas (je dis que l'eau froide est aussi bonne), ça été souvent un souverain remède, pour rétablir l'appétit perdu, et fortifier les digestions trop faibles, tandis que d'autres remèdes pompeux ne servaient de rien. Et il conseille aux personnes goutteuses, après quelque excès de boire ou de manger, d'avaler autant d'eau que leur estomac en peut souffrir, avant de s'aller coucher. Voici les avantages qu'elles en retireront : ou elles rendront ce qui est contenu dans leur estòmac, ou bien l'eau délaiera les alimens et la boisson, et elle épargnera par-là une grande peine à l'estomac. Pour moi, je sais, par une longue expérience, que rien ne procure une si bonne digestion que l'eau claire : mais il faut du temps, lorsqu'en buvant de l'eau, on veut guérir les maux que la mauvaise digestion cause; au lieu que le vomissement est un remède qui fait son effet sur l'instant, et délivre un homme d'abord qu'il est malade.

M. Floyer nous dit, dans son *Traité des Bains et des Fontaines d'eau minérale*, que le vomissement qu'on se procure avec de l'eau est très-bon dans la goutte, la sciatique, la difficulté de respirer, la mélancolie hypocondriaque, et dans le haut-mal; maladies qui tirent toutes, pour l'ordinaire, leur origine des mauvaises matières contenues dans l'estomac; de même que le vertige et l'apoplexie, dont, j'ai cru une fois être menacé; car après avoir bien dîné, je fus saisi d'un tournoiement de tête, et ma vue se trouva si fort dérangée, que tous les objets me paraissaient doubles; ce qui était accompagné d'un grand étourdissement: et comme j'avais lu que les apoplexies attaquent généralement après le repas, je demandai d'abord de l'eau; et n'osant pas attendre qu'elle fût chaude, je la bus froide, et avec mon doigt je m'excitai à vomir: en faisant cela, je surmontai d'abord le mal dont j'étais menacé; les symptômes ci-dessus étant les mêmes que ceux qui avaient précédé une attaque dans une autre personne, qui mourut, environ un an après, d'une troisième attaque.

Pour la difficulté de respirer.

Quant aux personnes qui sont sujettes à une difficulté de respirer, il est certain, par l'expérience, que le vomissement, procuré avec de l'eau chaude trois ou quatre fois, donne du soulagement au malade. On peut prévenir la même maladie en se réduisant, après cela, à ne boire que de l'eau froide ou chaude, avec une rôtie; car de cette manière la difficulté de respirer diminuera insensiblement; on peut faire bouillir cette eau, si l'on veut, avec du miel. J'ai connu une personne asthmatique, dans cette ville, qui passa assez heureusement deux ou trois hivers en suivant cette méthode, comme je lui avais conseillé ; mais ayant entrepris des affaires qui l'engagèrent à boire des liqueurs fortes, l'hiver suivant la maladie l'emporta à l'autre monde : le vin, l'aile (1), et les eaux-de-vie étant de vrais poisons pour ceux qui ont la respiration difficile ; de sorte que, dans cette maladie, on ne doit boire que de l'eau.

Pour empêcher les violens efforts dans le vomissement.

On voit des personnes attaquées d'un grand vomissement ; et, dans quelques-unes, il est si violent, qu'elles courent souvent risque de leur vie : on en a même vu qui en sont mortes. Dans ce cas-là, l'eau sera

---

(1) C'est une espèce de bière très-forte. (*Note du Traducteur.*)

d'une grande utilité; car si, après chaque fois qu'on vient de vomir, on en boit une pinte, elle préviendra ces violens efforts, dans lesquels tout le danger du vomissement consiste, parce qu'en faisant de violens efforts, dans le temps qu'il ne sort que très-peu de matière, on risque de se rompre quelques vaisseaux dans le corps. Outre cela, la matière morbifique se détachera plus facilement des parois de l'estomac, et on la rendra; après quoi, le vomissement cessera beaucoup plus tôt. C'est de cette manière que le fameux Sydenham, dont les écrits sont si pleins de modestie, guérissait le *cholera-morbus*, ou le vomissement accompagné de cours de ventre, si commun de son temps : car on observa, par la liste des morts, que cette maladie en tuait alors davantage qu'il n'en meurt à présent des convulsions. Voici sa méthode : c'était de faire bouillir un poulet dans seize quartes d'eau, mesure d'Angleterre (qui reviennent environ à seize peintes, mesure de Paris) ; ce bouillon ne différait guère de l'eau ; il ordonnait à un malade d'en boire une grande quantité, et il lui faisait prendre des lavemens avec le même bouillon, jusqu'à ce qu'il n'en restât plus, à moins que le vomissement ne s'arrêtât plus tôt : cette liqueur émoussait et corrigeait si bien l'âcreté de la matière morbifique, et l'emportait en même temps avec un tel succès, que le patient se trouvait soulagé en peu de temps. C'était encore là la pratique de Sigismond Grasius, qui recommande de boire de l'eau toute pure, en grande quantité, dans le vomissement joint au cours de ventre ; car il dit, que de cette manière on corrige si bien les qualités âcres et corrosives des humeurs, qu'elles ne sont plus capables de faire aucun mal : et il dit qu'on la peut boire froide, si le patient est vigoureux ; autrement, on n'a qu'à la faire chauffer.

Pour les cours de ventre et le flux de sang.

Dans les cours de ventre ordinaires, qui ne sont pas accompagnés de vomissement, il suffit de boire une quarte ou davantage d'eau chaude, qui corrige si bien l'âcreté qui cause la maladie, que ces flux cessent en peu de temps, et que les tranchées diminuent considérablement. Et dans le flux de sang, qui est le plus dangereux de tous, Celse conseille de boire une grande quantité d'eau froide, comme le meilleur de tous les remèdes; mais alors il ne faut prendre autre chose, jusqu'à ce que la maladie soit guérie. Amatus, Portugais (qui est un autre grand médecin), assure aussi, *Cent. I. Observ.* 46, qu'il avait connu une personne qui, étant attaquée en été d'un flux de sang, but une grande quantité d'eau froide, et recouvra de cette manière sa santé. Cette grande quantité d'eau corrige si bien, dans ces flux, l'âcreté de l'humeur morbifique, qu'elle n'est plus en état de faire le moindre mal, ni de corroder les vaisseaux et de causer des déjections sanguinolentes.

Pour la consomption.

L'eau est encore une boisson, qui convient mieux que toute autre chose pour guérir la maladie appelée consomption (qui est une maladie de poitrine fort commune en Angleterre dans toute sorte d'âge); car si, dans cette maladie, la digestion ne se fait pas bien, le suc nourricier acquiert une qualité chaude et âcre, très-nuisible à la substance des poumons; il bouche et produit des embarras dans les vaisseaux lymphatiques, par où il est obligé de passer pour se distribuer dans toutes les parties; de sorte que le corps se consume par degrés, faute de recevoir assez de nourriture. Pour lever ces obstructions, et corriger cette acrimonie qui les cause, il faut boire beaucoup d'eau, pourvu que ce soit avant que les poumons soient altérés. L'usage de l'eau, pour la guérison des consomptions, est recommandé par le docteur Couch dans ses écrits ; il nous dit, dans son traité intitulé, *Praxis Catholica*, qu'il se souvient d'avoir connu un homme qui fut guéri en très-peu de temps d'une consomption, en buvant de l'eau pure. Et un autre auteur rapporte qu'on a vu des personnes qui ont été guéries de la consomption, en ne buvant que de l'eau, évitant soigneusement toutes les liqueurs fermentées et le vin ; car le vin, ou toute autre liqueur forte, est pernicieux dans cette maladie, dont le principe est toujours dans l'estomac, selon le docteur Coward.

Pour les chaleurs, les boutons et les rougeurs du visage.

Il y a des personnes fort sujettes à avoir des chaleurs au visage, et d'autres en ont au dos : dans l'un et l'autre cas, l'eau, pour boisson ordinaire, est le meilleur de tous les remèdes, avec une diète rafraîchissante. Elle est encore excellente pour ceux qui ont des boutons et des rougeurs au visage; ce qui vient d'un sang trop agité, mais qu'on peut tempérer par l'usage de l'eau, et par une diète modérée : car, comme le docteur Duncan, que nous avons déjà cité, l'assure, ceux qui ont soin de tempérer leur sang, ne sont jamais incommodés d'aucun bouton, ou ulcère, comme beaucoup d'autres, dont on n'a qu'à voir les visages pleins de boutons, pour savoir qu'ils boivent des liqueurs fortes, et qu'ils mènent un régime de vivre qui les échauffe trop.

Pour la colique.

Les auteurs recommandent aussi l'eau pour la colique. Rivière assure que de boire une grande quantité d'eau dans la colique, c'est un excellent remède ; et Fortis nous dit que lorsqu'il pratiquait à Venise, il ordonnait souvent de l'eau froide dans la colique avec un bon succès. Le docteur Wainwrigt, médecin anglais, s'accorde avec lui dans son *Explication mécanique des six choses non naturelles ;* car il dit que les buveurs d'eau ne sont jamais attaqués de la colique, et que beaucoup en ont été guéris par l'usage de l'eau, lorsque tous les autres remèdes n'avaient aucun effet.

Pour la petite vérole.

On a aussi éprouvé l'excellence de l'eau, pour boisson, dans la petite vérole. Salmon, dans sa *Synopsis Medicinæ*, dit que dans cette maladie vous pouvez donner aux malades, en toute sûreté, de l'eau toute pure; qu'ils peuvent en boire à leur souhait, pour étancher leur soif, et que c'est souvent faute de boire suffisamment, que plusieurs en sont morts. Il ne se trompait point, comme je l'ai éprouvé par l'expérience de deux enfans, lorsqu'ils étaient attaqués de cette maladie; car après leur avoir donné une dose de tartre émétique, pour les faire vomir, je ne leur donnai pour boisson que de l'eau pure, et ils en revinrent tous les deux sans être incommodés des yeux; il n'en fut pas de même de deux autres qu'on traita de la même maladie d'une autre manière : et je me souviens qu'on fut consulter un médecin appelé Betts, dans un cas où la petite vérole ne pouvait point sortir comme il faut; ce médecin ordonna au malade de boire deux quartes d'eau froide, le plus tôt qu'il serait possible ; l'éruption fut fort heureuse, et le malade en revint.

Pour les fièvres ardentes.

Il est encore certain que dans les fièvres ardentes, l'eau est un remède sûr et efficace. Primerose nous dit, dans son *Traité des Erreurs populaires*, que plusieurs médecins célèbres ont recommandé l'usage de l'eau froide pour boisson dans les maladies : ils disent qu'elle a principalement lieu dans les fièvres où les malades doivent boire abondamment, car, de cette manière, elle étanche la soif et apaise la chaleur (page 374). Et un auteur anglais dit que Galien blâmait Érasistrate, à cause qu'il défendait l'eau froide dans les fièvres ardentes ; et il assure que c'est un remède pour toutes sortes de fièvres, pourvu qu'on en boive en grande quantité. Je trouve que le sentiment du docteur Olivier est conforme à son opinion, lorsqu'il dit, dans son *Essai sur les fièvres*, que dans les fièvres il faut boire plus souvent que la soif ne le requiert, et beaucoup à la fois ; et la boisson qu'il prescrit, c'est de l'eau froide ou de l'eau d'orge. Le docteur Wainwrigt assure aussi que l'eau convient dans les fièvres, et que les anciens en donnaient autant que le malade en pouvait boire. Et un autre auteur dit que si vous ne donnez au patient que de l'eau durant trois jours, la fièvre se guérit ordinairement le troisième jour ; mais si elle ne quitte point, donnez-lui pour tout aliment un peu d'eau d'orge, et la fièvre ne passera pas le septième jour. Un autre auteur nous apprend, qu'une personne attaquée d'une fièvre, dont on n'espérait plus rien, et à qui on avait défendu l'eau, dont elle avait une extrême envie de boire, trouva moyen, dans le temps que la garde était absente, d'en boire un grand pot tout plein ; elle se coucha ensuite, et se trouva fort rafraîchie; après quoi elle sua, et fut guérie par-là. Et le docteur Cook, de Warwick, dans ses *Observations sur le tempérament des Anglais*, prescrit dans la guérison des fièvres, premièrement un émétique, et après, autant d'eau froide que le malade en peut boire : et il dit, que s'il sue là-dessus, il faut faire continuer la sueur le plus qu'il est possible. Un autre auteur dit encore, que c'est un excellent remède dans les fièvres, que de boire une quarte d'eau chaude, et de suer là-dessus, en se couvrant bien. Le docteur Quinton dit aussi, dans ses *Observations*, qu'on donna, à différentes reprises, trois quartes d'eau à une personne attaquée d'une fièvre maligne, dont le pouls était si faible, qu'à peine était-il sensible, afin de la faire vomir; mais elle n'agit point par en haut. Voici cependant l'effet qu'elle produisit : le malade se trouva rafraîchi, son pouls s'éleva beaucoup, il transpira abondamment, et il urina de même. J'ai observé, par ma propre expérience, que pour fortifier le pouls, lorsqu'il est faible et bas, il ne faut que boire beaucoup d'eau. Je connais une femme qui, quoiqu'elle suivît le conseil de deux médecins, ne laissa pas de tomber dans une faiblesse ; je dis à sa garde de lui donner une pinte d'eau froide, qu'elle but toute entière, et dans trois ou quatre minutes, elle recouvra ses sens ; elle en voulut boire encore, ce qu'elle fit, et elle recouvra sa santé. J'ai observé dans les fièvres que, lorsque le malade ne peut souffrir aucune boisson, il boit pourtant toujours avec plaisir de l'eau, de même qu'après avoir mangé des choses douces, qui ôtent le goût des autres boissons ; qualité excellente qui n'appartient qu'à l'eau, et qui fait voir qu'elle est très-bonne et conforme à la nature du genre humain ; quoiqu'à présent on en fasse si peu de cas. Outre cela, c'est une boisson qui ne saurait s'aigrir dans l'estomac, comme font toutes les boissons fermentées ; ce qui contribue au progrès des maladies dont il est déjà attaqué.

Pour la goutte, la sciatique et autres douleurs.

QUANT à la goutte, qui, selon le docteur Harris, dans son *Anti-Empirique*, n'a d'autre origine que les excès du manger, du vin ou des liqueurs fortes, on peut s'en guérir, comme cet auteur l'assure, par une diète très-grande, et en buvant de l'eau : de là, vient que M. Mayerne dit, dans ses *Consultations*, qu'il faut renoncer dans cette maladie à toutes sortes de boissons fortes, et ne boire que de l'eau. Vander-Heyden nous dit aussi qu'il n'y a pas de plus grand remède pour la goutte, que l'usage de l'eau pour boisson, non-seulement dans les jeunes gens, mais même dans les personnes âgées ; on en a vu plusieurs qui, en ne buvant que de l'eau froide durant plusieurs semaines, s'en sont très-bien trouvés, quoiqu'ils fussent avancés en âge ; ils se sont trouvés fort soulagés sans ressentir aucun mal à l'estomac, ni aucune indigestion, comme quelques-uns l'appréhendaient. Il recommande aussi de boire beaucoup d'eau dans la sciatique ; ayant souvent guéri par-là cette maladie en beaucoup moins de temps qu'on ne pouvait raisonnablement s'y attendre. J'en ai moi-même ressenti les bons effets dans une douleur d'épaule, qui continuait déjà depuis trois mois, et dont j'étais fort incommodé. Etant attaqué de la fièvre, je bus dans un seul jour quatre quartes d'eau, qui pourtant me guérit, quoiqu'elle ne me fît pas suer, parce que je ne voulais pas garder le lit ; de sorte que je m'aperçus que je ne sentais plus de douleur à l'épaule, et elle n'est jamais revenue depuis ce temps.

là. Je m'en suis servi avec le même succès dans les douleurs des autres parties : par-là, je juge que l'eau en boisson convient dans toutes sortes de douleurs, de même que dans la goutte; de là vient aussi qu'on conseille de boire de l'eau froide en quantité, pour guérir le mal de tête qu'on sent après avoir trop bu, et dont la cause est la même que celle de la goutte; savoir, une trop grande chaleur; les autres douleurs, si on en excepte celles des meurtrissures, ont la même origine.

Pour les maladies inflammatoires, etc.

Le docteur Wainwrigt, dit aussi que l'eau est un bon remède pour la gale, le scorbut, la lèpre, et pour toutes les maladies inflammatoires; pour la pleurésie, le rhumatisme et le feu Saint-Antoine; mais il conseille de la boire chaude dans certains cas, comme dans la pleurésie, sans doute :

il dit aussi que l'eau est bonne pour le mal de tête, pour les catarres, les vapeurs, l'épilepsie, la faiblesse de la vue, la mélancolie, la difficulté de respirer, le scorbut de la bouche, et pour les vents de l'estomac. Je sais, par une longue expérience, que pour les vents de l'estomac il n'y a pas de meilleur remède. Comme dans ma jeunesse, je menais une vie déréglée, buvant comme les autres des liqueurs fortes, j'avais toujours des vents dans l'estomac, et souvent de grands maux de cœur après le repas : à la fin pourtant, je me délivrai de toutes ces incommodités, en ne buvant que de l'eau dans le repas ; de sorte qu'il y a plus de quarante ans que je n'en suis presque pas incommodé ; et, si je m'en sens incommodé, une pinte ou deux d'eau froide me guérit dans moins d'une demi-heure.

Pour les maux causés par les excès des boissons.

QUE l'eau soit le meilleur remède pour les maux causés par un trop grand usage des boissons fortes, c'est une chose que l'expérience nous apprend, n'y ayant rien qui soit si efficace pour nous délivrer des dégoûts et des maux de cœur qu'on sent le matin, qu'une pinte ou deux d'eau toute pure, qui ne manque jamais d'apaiser l'irritation des intestins, occasionée par les boissons fortes, qui détruisent la force de l'estomac, de même que celle de toutes les autres parties; n'y ayant rien de plus contraire aux nerfs, puisque, à force de boire, les hommes ne sont plus en état de se tenir droits ni de marcher : ce qui n'arriverait jamais, si les liqueurs qui abondent en esprits, fortifiaient; les fibres de l'estomac ne s'affaibliraient jamais non plus par l'usage des liqueurs fortes, jusqu'à rendre l'homme malade, si ces liqueurs fortifiaient; maladie cependant qu'on guérit bientôt en buvant de l'eau froide. C'est aussi, quand on en boit beaucoup, le meilleur remède que nous connaissions dans l'ardeur d'urine qui est souvent causée pour trop boire.

Pour les rhumes.

Fondé sur une longue expérience, je sais que la meilleure de toutes les boissons pour prévenir toute sorte de rhumes de tête, c'est l'eau. Il est donc aussi certain que, pour prévenir la toux, il en faut boire; car rarement la toux succédera-t-elle à un rhume, si, au commencement, on se sert de l'eau pour boisson ordinaire; et si, par négligence, la toux devenait incommode, l'usage de l'eau, évitant avec soin le vin et les liqueurs fortes, contribuera beaucoup à la guérison: quelques-uns ordonnent de boire l'eau chaude;

mais d'autres disent qu'il vaut infiniment mieux la boire froide que chaude, dans la toux. Vander-Heyden dit là-dessus qu'il y aura peut-être des personnes qui trouveront étrange qu'on s'avise de conseiller de boire de l'eau froide dans ces sortes de maladies, qui, selon la plupart des auteurs, ont pour cause des matières crues et indigestes ; mais il dit que, dans toutes les maladies accompagnées de dangers, il n'y a que l'eau qui soit amie de la nature ; l'eau froide étant plus propre pour prévenir, que pour causer des crudités, puisque toutes les expériences prouvent qu'elle facilite la digestion. Je connais une femme âgée de soixante-dix-huit ans, qui depuis dix ans était sujette à une grande toux, et qui crachait beaucoup de flegmes épais ; mais l'hiver dernier on lui persuada de quitter l'usage des liqueurs fortes et de la bière, et de ne boire que de l'eau à ses repas, et quelquefois une tasse ou deux de thé le matin; et elle s'est trouvée, depuis ce temps, beaucoup moins sujette à la toux qu'auparavant ; et à peine tousse-t-elle au lit, quoiqu'avant cela elle ne fît que tousser durant la nuit: elle boit aussi en se couchant une pinte d'eau froide et autant le matin, avant toutes choses; et le soulagement qu'elle en reçoit à un âge si avancé, est infiniment plus grand qu'aucun qu'elle ait jamais reçu de l'usage du vin.

Les boissons fortes sont nuisibles aux enfans.

La plupart des médecins conviennent généralement, que ni le vin ni les liqueurs fortes ne valent rien pour les enfans; que plus on les fait boire frais et en petite quantité, mieux ils s'en trouvent; et que rien ne convient plus pour leur santé, que l'usage de l'eau pour boisson ordinaire, qui prévient l'origine des maladies causées par les boissons fortes ; maladies qui se manifestent souvent dans un âge plus avancé. Il s'en trouve encore beaucoup qui souffrent par la mauvaise coutume de leurs mères : car elles les rendent gourmands, en leur chargeant continuellement l'estomac d'alimens. De là vient que, parmi les personnes riches, on voit périr beaucoup d'enfans, avant qu'ils soient parvenus à un âge formé, tandis que les enfans des pauvres gens de la campagne qui vivent d'une manière dure, se soutiennent et se portent bien jusqu'à l'âge de maturité : car il est certain qu'il meurt beaucoup moins d'enfans à la campagne que dans les grandes villes, où les excès dans la manière de vivre sont beaucoup plus communs. C'est là une des raisons qui font qu'à Londres il y a si peu d'habitans qui soient nés dans Londres même ; la plupart des habitans de cette ville étant de la campagne, où l'on élève les enfans d'une manière beaucoup plus dure qu'à Londres, où l'on en fait périr un grand nombre par les plaisirs de la bouche : malheur qu'on préviendrait aisément, en les accoutumant à manger moins, et à boire de l'eau ; car on sait, par expérience, que les enfans qui en boivent, ne sont ni si revêches ni si fâcheux ; cette humeur revêche ne provenant, pour l'ordinaire, que d'un sang âcre et chaud, ou fiévreux, pour ainsi dire, qui engendre des vents et cause des douleurs et des coliques : en effet, il n'est point de douleur qui n'ait pour cause la chaleur ou quelque inflammation intérieure ou extérieure.

Les bons effets des eaux minérales dépendent de l'eau simple.

On peut ajouter à ce qu'on vient de dire, une observation, savoir, que lorsque les meilleurs médecins ne peuvent pas venir à bout de certaines maladies, ils conseillent à leurs malades l'usage de quelque eau minérale; reconnaissant d'une manière tacite, que l'eau est préférable à toutes leurs ordonnances. Ils prétendent, à la vérité, attribuer ses effets à quelques minéraux, dont les eaux sont emprégnées; mais le docteur Baynard, à la page 438, de son *Traité des Bains froids* de M. Floyer, nous rapporte, qu'une personne qui avait accoutumé d'aller à Trunbridge, et dont elle se trouvait très-bien, n'ayant pas pu s'y transporter dans la saison comme à son ordinaire, elle but la même quantité d'eau de fontaine; elle la faisait prendre dans la cour de sa propre maison, et elle s'en trouva également bien; ce qui fit qu'elle écrivit sur la fontaine, les deux vers suivans :

Le fer n'est que tromperie;
L'eau simple conserve la vie.

En effet, si nous considérons le nombre prodigieux de maladies et de maux qui proviennent d'un sang épais et grossier, qui ne passe qu'avec peine dans les petits conduits destinés à porter le sang dans toutes les parties de notre corps, nous serons convaincus que l'eau pure, sans aucun minéral, pourvu qu'on en prenne une quarte ou deux pintes le matin, est en état d'atténuer ou de subtiliser suffisamment le sang. Rien, comme Boerhaave l'assure, n'était si propre à délayer le sang épais, que l'eau chaude prise en quantité. Il est vrai que l'eau chaude est meilleure pour dissoudre le sang, mais l'eau froide vaut infiniment mieux pour fortifier l'estomac : elle produit même intérieurement, dans certains cas, les mêmes résultats que les bains froids extérieurement; car ses effets extérieurs sont aussi fort grands.

Pour les brûlures.

J'ai trouvé encore, par une longue expérience, que l'eau est fort bonne dans toutes sortes de brûlures ; car si, lorsque la brûlure n'est que légère, on plonge la partie à l'instant dans de l'eau froide (plus elle est froide et plus elle est meilleure), la douleur cesse dans le moment même ; et elle guérit entièrement, si on continue autant de temps qu'il en faut pour faire la cure par le moyen de quelqu'autre remède que ce soit. Et si la brûlure est si considérable, qu'il faille appliquer d'autres remèdes, on sait qu'il n'y en a aucun qui puisse ôter la douleur dans moins de deux ou trois heures ; cependant si vous y appliquez à l'instant de l'eau froide, après qu'on aura appliqué les autres remèdes à la partie, la douleur cessera immédiatement, jusqu'à ce que le remède ait son effet. De sorte que le soulagement que l'eau peut procurer dans ce cas, en rend l'usage très-bon. Ce remède semble être supérieur à tous les autres dans cette occasion, parce que, dans un moment, la grande cuisson cesse, si on se sert d'eau froide; et elle ne se fait plus sentir, si on tient la partie malade plongée, jusqu'à ce que l'ardeur soit éteinte, ou par l'eau, ou par les remèdes qu'on applique. Outre cela, c'est un remède qu'on trouve partout, ce qu'on ne saurait dire des autres remèdes : on est généralement si long-temps à les préparer, qu'on a tout le temps de souffrir de terribles douleurs, surtout s'il s'élève des vessies sur la partie, ce qui augmente beaucoup l'embarras. Si on ne peut pas plonger dans l'eau la partie brûlée ou échaudée, on peut y en appliquer avec un morceau de linge en double, le trempant de temps en temps dans l'eau à mesure qu'il devient chaud. J'ai guéri de cette manière des brûlures au visage, sans qu'il se soit élevé aucune vessie, en appliquant l'eau immédiatement après la brûlure.

Pour les ulcères.

J'ai connu une personne qui avait un ulcère considérable au pied, pour avoir eu le malheur de se brûler avec du cuivre fondu. Un chirurgien le traita durant neuf semaines sans aucune apparence de guérison, à cause de la grande inflammation dont le mal était accompagné. Mais comme le patient aimait beaucoup la pêche à la ligne, on l'engagea d'aller avec quelques autres personnes à la rivière de Hackney; il y en eut quelques-uns qui entrèrent nu-pieds dans la rivière, pour approcher d'un certain endroit où l'on trouvait quelquefois beaucoup de poisson. La pêche fut si abondante, que le malade, quoique boiteux, ayant ôté ses bas et ses emplâtres, y alla aussi, et y resta environ deux heutes : comme il s'en retournait, il vit que l'ulcère, qui paraissait fort rouge et irrité lorsqu'il entra dans l'eau, était pâle ; il remit l'appareil, se chaussa, et revint à la maison ; et dans moins de quinze jours son ulcère fut guéri, ce qui n'arriva probablement que parce que la fraîcheur de l'eau apaisa l'inflammation.

Pour arrêter le sang d'une plaie et en procurer la guérison.

J'AI encore appris d'un chirurgien de vaisseau de ma connaissance, que leur canonnier, dans le temps que le capitaine traitait à bord quelques-uns de ses amis, voulant charger le canon qu'on venait de décharger, la cartouche qu'il enfonçait prit feu, et le canonnier fut jeté dans l'eau et eut quelques doigts déchirés. Comme on fut environ une heure avant d'avoir un bateau pour l'aller prendre, on trouva que la fraîcheur de l'eau avait presque arrêté le sang ; et la cure fut si prompte, que les autres chirurgiens en furent surpris. On imputa cela à l'eau, qui empêcha l'affluence des humeurs; de sorte qu'il n'y eut aucune inflammation qui pût empêcher la guérison de la plaie.

Pour les foulures et les entorses.

Quant aux foulures et aux entorses, le meilleur et le plus prompt remède dont nous puissions faire usage, c'est l'eau, comme Vander-Heyden l'assure ; il dit, qu'en se baignant dans de l'eau froide, on guérit ces maux d'une manière plus sûre et plus prompte, qu'on ne fait ordinairement, sans perdre du temps, sans dépense et sans embarras : car il ne faut faire autre chose, comme je l'ai déjà observé, que mettre la partie malade, le plus tôt possible, dans un vase d'eau froide, et l'y tenir pendant deux heures ; ce qui empêchera l'enflure et la douleur, en repoussant les humeurs, qui, sans cela, se jetteraient sur cette partie. Et si le mal était à l'épaule ou en quelqu'autre endroit, qu'on ne saurait plonger dans l'eau, on peut y appliquer des serviettes pliées, et trempées dans de l'eau froide ; les laissant sur la partie, comme on fait dans les entorses des chevaux ; car en leur appliquant autour de la partie une grosse corde faite avec du foin, et en y jetant de temps en temps un seau d'eau froide, l'entorse se guérit : c'est une expérience à présent commune parmi ceux qui traitent les chevaux.

Pour la faiblesse des jointures.

On a encore observé, que les bains d'eau froide sont très-bons pour la faiblesse des jointures : c'est ce que M. Floyer a prouvé dans son *Traité des Bains froids* ; et l'expérience m'a fait voir que cela est vrai. Je me souviens d'avoir vu une femme qui se plaignait d'une grande faiblesse, et d'une grande douleur dans les jointures. Je lui conseillai de tremper la partie malade dans de l'eau froide, tous les matins pendant un quart-d'heure, et de faire la même chose le soir ; et dans vingt jours, ou environ, elle se sentit autant de force dans la partie faible que dans celle qui n'avait aucun mal. M. Floyer nous parle d'un enfant, qui ne pouvait pas se tenir debout ; ses jambes étaient extrêmement faibles ; cependant, par l'usage des bains, il recouvra ses forces en peu de temps.

Pour les maux de tête.

On a guéri de cette manière de grandes douleurs de tête. Vander-Heyden nous dit qu'un certain Tobie Matthieu avait été tourmenté pendant vingt ans d'une grande douleur, qui lui occupait un côté de la tête, et d'un grand rhume de cerveau; mais il fut guéri, en appliquant de l'eau froide sur la partie, chaque jour pendant un quart d'heure. Après avoir lu cela, j'en fis l'essai sur moi-même; j'étais depuis long-temps tourmenté d'un écoulement par le nez; la matière était claire comme de l'eau, je crachais beaucoup, et mes crachats étaient à peu près de même, je veux dire, liquides comme de l'eau; je m'avisai de me laver la tête tous les matins avec de l'eau froide sous le robinet d'une fontaine: de cette manière, dans six semaines ou environ, je me trouvai délivré de mon incommodité. Depuis ce temps-là j'ai appris qu'une fille qui était en service, se trouvant fort tourmentée d'un rhumatisme, et d'une douleur de tête insupportable, on la mit à l'hôpital Saint-Thomas; et le médecin ordonna à la garde de lui appliquer sur la tête des serviettes en quatre doubles, trempées dans de l'eau froide, de les changer à mesure qu'elles commenceraient à s'échauffer, et de continuer ainsi quatre ou cinq heures de temps, après quoi elle se trouva délivrée de la douleur de tête, et elle fut guérie ensuite du rhumastisme d'une autre manière.

Pour les insomnies dans les fièvres.

On peut guérir les insomnies qui accompagnent les fièvres par l'application de l'eau froide. Une de mes proches parentes était attaquée de la fièvre; il y avait déjà trois jours et trois nuits qu'elle ne pouvait point dormir, lorsque je fis prendre une serviette en plusieurs doubles, trempée dans de l'eau froide, et l'ayant un peu exprimée, je la lui fis mettre sur la tête, en la faisant tremper de temps en temps à mesure qu'elle s'échauffait; sa tête se trouva rafraîchie dans deux heures de temps; elle s'endormit, et son sommeil dura cinq heures. J'ordonnai de faire le soir la même chose, ce qui eut le même succès. Le docteur Cockburn, dans son *Traité des Maladies de mer*, ordonnait dans les fièvres, pour l'insomnie, de tremper une serviette en quatre doubles dans l'oxycrat (qui est composé de six parties d'eau, et d'une partie de vinaigre), et de l'attacher autour de la tête et des tempes : il est vrai que cela fait dormir avec tout le succès possible ; mais l'eau froide toute seule aura le même succès ; comme je l'ai déjà prouvé en beaucoup d'endroits.

Pour les défaillances.

L'EXPÉRIENCE nous apprend que l'eau froide est d'un grand usage dans les défaillances ; car si on jette un peu brusquement un verre d'eau froide sur le visage, la personne qui paraissait comme morte auparavant, recouvre ses sens : il y a même des cas où elle ne reviendrait point sans le secours de l'eau froide ; ces défaillances étant quelquefois mortelles, parce qu'elles procèdent de certaines vapeurs venimeuses qui montent de l'estomac à la tête ; j'en connais les effets par ma propre expérience. Je me souviens qu'étant jeune, je me trouvai mal deux fois, et chaque fois je sentis que mon estomac était plein de vents, et qu'une fumée ou vapeur me montait à la tête, qui, dans l'instant, me privait de l'usage de tous mes sens ; mais m'étant trouvé, ces deux fois-là, avec une personne qui en avait vu faire l'épreuve, elle me jeta de l'eau froide sur le visage ; je me souviens que je me levai comme un homme qui s'éveille en sursaut. Je suis persuadé qu'il en périt quelques-uns dans ces attaques, quand on n'est pas à portée pour les secourir, et surtout lorsqu'ils se trouvent surpris pendant le sommeil. C'est une chose, à mon avis, qui n'est pas à craindre pour ceux qui mènent une vie réglée, ou qui se couchent sans souper; car on a observé que ceux qui ne soupent point ne meurent jamais en dormant.

Pour les hémorragies du nez.

On a guéri les hémorragies du nez, en buvant une grande quantité d'eau froide, en la seringuant dans les narines du malade, et en lui appliquant, autour du cou, des serviettes trempées dans de l'eau froide, ayant soin de les changer à mesure qu'elles s'échauffent. Un fameux médecin dit que l'eau froide tempère extrêmement l'ardeur du sang, et qu'étant seringuée dans le nez, elle resserre, par sa fraîcheur, les orifices des vaisseaux sanguins d'où le sang s'échappe; c'est ce qui fait qu'elle est capable d'arrêter l'hémorragie. On a même vu des exemples de ces hémorragies arrêtées en jetant souvent de l'eau froide sur le visage : c'est ce que Flamand, auteur français nous assure ; et M. Cook nous dit la même chose dans son *Traité de Chirurgie.*

Pour les coupures.

L'eau froide est encore un remède infaillible dans les petites coupures des doigts, ou des autres parties ; car si, lorsqu'on s'est coupé, on ferme la plaie avec le pouce de l'autre main, et qu'on la tienne ainsi fermée un quart d'heure, ou une demi-heure, cela arrête infailliblement le sang ; après quoi, si vous trempez un morceau de linge en cinq ou six doubles, dans de l'eau froide, et si après l'avoir appliqué sur la partie, vous faites une ligature par-dessus, cela préviendra l'inflammation et l'affluence des humeurs, et donnera à la nature le temps de consolider la plaie en peu de temps: nous en avons un exemple familier dans la saignée; tout ce qu'on applique sur la plaie ne consiste que dans une compresse de linge trempée dans de l'eau froide, et environnée d'une bande: car toutes plaies, où il n'y a point de perte de substance, se consolident d'elles-mêmes, si l'on prend soin de prévenir l'inflammation, et de rapprocher les lèvres de la plaie.

Pour la rage.

VANDER-HEYDEN nous dit aussi que, de son temps, il y avait des gens qui croyaient qu'une personne mordue d'un chien enragé, pouvait se garantir de ce symptôme, appelé hydrophobie ou appréhension de l'eau, qui survient ordinairement à la morsure, et qui est mortel, en appliquant de l'eau froide sur la plaie: et ils croient, dit-il, que ceci ne laisse pas d'avoir quelque apparence de probabilité, s'il faut ajouter foi à ce que Celse écrit, que le seul remède, dans cette occasion, c'est de jeter le malade dans un étang ou dans une rivière, et après l'avoir plongé entièrement dans l'eau, de l'y tenir jusqu'à ce qu'il ait bien bu, soit qu'il le veuille ou non; et de cette manière on lui fait surmonter la crainte de l'eau, et on le guérit de la soif. Mais si cette immersion est de quelque utilité lorsque le mal est si avancé, pourquoi ne serait-elle pas plus efficace pour le prévenir, si on en fait d'abord usage, et si on la réitère plusieurs fois? Quoiqu'il n'ait rapporté cela que comme une opinion probable, l'expérience de nos jours fait pourtant voir que le meilleur moyen que nous connaissions pour prévenir la rage, c'est de plonger le malade dans l'eau salée, comme dans la Tamise, près de Gravesend, ou dans les fontaines d'eau salée de Cheshire. Je sais qu'il faut le plonger plusieurs fois, et qu'on doit le tenir fort long-temps dans l'eau, avant qu'il soit exempt de danger : mais on demandera si la salure de l'eau contribue en rien à la guérison ? Boerhaave nous assure que, lorsque les personnes mordues d'un chien enragé, commencent à craindre l'eau, on peut encore les guérir ; il faut, en leur bandant les yeux, les jeter, à plusieurs reprises, dans un étang d'eau, jusqu'à ce qu'elles cessent de la craindre, ou du moins qu'elles ne la craignent que très-peu, les obligeant après cela de boire beaucoup.

Pour le haut-mal.

BROWN nous dit qu'une personne incommodée du haut-mal, étant tombée dans une fontaine (je suppose que c'était dans le moment de l'accès), fut entièrement guérie de son mal, sans qu'elle en ait jamais plus ressenti aucune atteinte; et il dit qu'il n'est pas nécessaire de préparer le corps dans ce cas-ci, comme dans les autres : il faut seulement que le malade, lorsqu'on l'a plongé dans un bain d'eau froide, demeure chaque fois dans le bain environ trois ou quatre minutes; car en le plongeant jusque par-dessus la tête dans un bain froid, les impressions que le cerveau reçoit sont si grandes, que le malade en guérit : cette maladie n'étant qu'une espèce de convulsion, qui procède d'une irritation dans le cerveau, ou de quelqu'autre cause. Mais nous avons besoin d'un plus grand nombre d'expériences pour confirmer cette idée; cela mérite pourtant qu'on fasse cette épreuve sur d'autres malades, pour savoir si elle obtiendra le même succès que dans cette personne. Le savant Pitcarn, Ecossais de nation, et professeur à Leyden, pendant quelque temps, nous dit que la médecine n'est point un *art de guérir ;* qu'elle n'est fondée que sur la pratique, et que c'est le hasard qui a fait découvrir les remèdes (page 174). Car lorsqu'il arrive que nous découvrons des remèdes, et qu'ils produisent souvent de bons effets, l'habileté de celui qui prescrit le remède, consiste à savoir l'appliquer et s'en servir dans une occasion semblable; mais s'il vient à manquer, il faut encore faire quelqu'autre expérience, qu'il ne serait pas nécessaire de faire, si la médecine était un *art ;* parce que les régles d'un *art* sont certaines, et que les hommes en dépendent autant qu'ils sont hommes.

Pour la folie et la mélancolie.

Le docteur Brown dit encore que dans la folie et la mélancolie, il vaut mieux avoir recours aux bains froids, qui produisent de meilleurs effets, qu'aux autres remèdes violens, qui sont en usage pour les personnes attaquées de ces maladies ; car ce qui est capable, dit-il, de faire revenir dans un instant un homme ivre, sera aussi capable d'avancer considérablement la guérison d'un fou, dans un mois. Or, je suis très-assuré que si on veut entièrement dessoûler un homme, on n'a qu'à le plonger dans de l'eau froide. J'en ai connu qu'on a fait revenir dans cette occasion, en leur lavant simplement les mains dans de l'eau froide. Cette opinion se trouve confirmée par le docteur Blair, qui déclare, dans une *lettre* au docteur Baynard, avoir guéri un homme fou, de la manière suivante : on le mena lié et garotté sur une charrette tout nu, les yeux bandés, afin que sa surprise fût d'autant plus grande; on l'exposa tout d'un coup à une chute d'eau, qui lui tombait sur le corps de la hauteur de vingt pieds; on l'y laissa aussi long-temps que ses forces purent le permettre; étant de retour chez lui, il s'endormit, et son sommeil dura vingt-neuf heures; après quoi il s'éveilla dans un état aussi tranquille qu'il eût jamais été; et il y avait déjà un an qu'il continuait d'avoir l'usage du bon sens, lorsque la lettre fut écrite. On guérit encore les défaillances dans les fièvres, en plongeant le malade dans de l'eau froide; on en peut voir plusieurs exemples dans l'*Histoire des Bains froids*, page 226.

Cette relation semble confirmer celle que M. Floyer rapporte dans une *lettre* au docteur Brown, que ce docteur a fait imprimer, où il dit qu'en Normandie, on plonge les fous dans de l'eau froide, pour les guérir : car c'est peut-être une trop grande chaleur dans le cerveau, qui est la cause de tous ces désordres : et cela paraît fort vraisemblable, par la conduite de certains ivrognes, qui, lorsque les fumées du vin sont apaisées, se repentent de ce qu'ils ont fait ou dit dans la débauche.

Pour les écrouelles.

Le docteur Brown, dans son *Traité des Bains froids*, nous assure aussi qu'il n'y a pas de moyen plus prompt, plus sûr, ni plus agréable pour guérir les écrouelles, que de baigner le malade dans de l'eau froide; il nous rapporte (page 85) l'histoire d'un gentilhomme de la province d'Yorck, fort incommodé de cette maladie, ayant aux glandes du cou des ulcères considérables, accompagnés d'une si grande inflammation, que cela l'avait mis dans un très-mauvais état. Le docteur Baynard lui conseilla de se baigner dans de l'eau froide, et dans un mois de temps, il fut parfaitement guéri, ses ulcères s'étant consolidés : ce qui est contraire au sentiment des plus habiles médecins.

Pour la jaunisse.

Dans la description des îles de l'Écosse, il est fait mention d'un remède extraordinaire, qu'on met communément en usage pour guérir la jaunisse, le voici : on ôte les habits au patient, on le fait coucher par terre, sur son ventre, et on lui jette inopinément sur le dos, un sceau d'eau froide.

Pour les douleurs des jointures et les boursoufflures.

Le docteur Curtis prétend qu'on peut

aussi guérir les douleurs des jointures, en faisant tomber sur la partie malade, de l'eau de pompe ; et il recommande de fomenter, avec de l'eau froide, les boutons ou les boursoufflures qui proviennent d'une trop grande douleur.

Pour l'inflammation des yeux.

Je connais une personne qui était fort sujette à l'inflammation des yeux ; on lui conseilla de prendre au commencement du mal, une compresse de linge trempée dans de l'eau froide, et de l'appliquer sur la partie malade, ayant soin de la tremper de temps en temps : elle le fit pendant trois heures de suite, et, au bout de ce temps, l'inflammation fut dissipée, et elle se trouva guérie ; et je ne sache point qu'elle en ait été jamais plus incommodée depuis, quoiqu'auparavant elle y fût fort sujette.

Pour prévenir les fluxions sur les yeux.

Le docteur Gedeon Harvey conseille de se laver les yeux deux fois le jour avec de l'eau froide ; n'y ayant pas de meilleur remède, pour prévenir les fluxions sur les yeux, et conserver la vue, que l'eau fortifie extrêmement. J'ai éprouvé la vérité de ce fait pendant plusieurs années ; mes yeux étaient fort sujets à se troubler, et j'avais souvent de la peine à ouvrir les paupières : je n'ai fait que les laver avec de l'eau froide, et je n'ai plus senti aucune incommodité.

Pour conserver la mémoire, et guérir les démangeaisons.

Outre les biens que l'eau procure aux yeux, les auteurs nous disent aussi qu'elle est bonne pour conserver la mémoire, pourvu qu'on ait le soin de se laver deux fois par jour avec de l'eau, tout le devant de la tête. Cela guérit encore la démangeaison des yeux. En effet, si on avait soin de se laver le corps avec de l'eau, l'on ne sentirait aucune démangeaison dans aucune partie, comme le docteur Cook le déclare expressément, après en avoir vu l'expérience, dans ses *Observations sur les corps des Anglais.*

Pour les callosités, et les chaleurs des pieds.

Il y a des personnes qui ont des callosités, des durillons ou corps au pieds, qui sont si incommodes, qu'on a souvent de la peine à marcher. Voici ce que le docteur Cook conseille pour les guérir : c'est de les faire bien ramollir dans de l'eau chaude, jusqu'à ce qu'ils ne soient plus durs, et de les gratter, après cela, avec le tranchant d'un couteau. Si on sent aux pieds quelque chaleur extraordinaire, il n'y a rien de meilleur aussi pour les rafraîchir, que de les tremper dans de l'eau chaude, qui ouvre les pores, et fait sortir ce qu'il y a de nuisible.

Pour le scorbut.

Le docteur Pitcarn, dans l'intention de dissoudre les sels scorbutiques, et de les emporter par les urines, qu'ils soient acides ou alcalis, conseille de boire beaucoup d'eau que la cause du scorbut soit chaude ou froide. Moi-même je me souviens d'avoir été fort incommodé du scorbut; je tombais même souvent en faiblesse, et mon pouls était si bas, qu'à peine le pouvait-on sentir : à la fin je trouvai qu'en buvant une pinte d'eau froide, mon pouls s'élevait infailliblement, et que, dans très-peu de temps, je recouvrais mes forces et ma vivacité. J'ai souvent observé, que lorsque l'estomac est en désordre, les forces s'abattent en peu de temps, et qu'on les recouvre avec la même facilité, lorsque l'estomac est rétabli. J'ai même appris, par une longue expérience, que rien ne contribue tant à donner de la force à notre corps, qu'un estomac bien conditionné : pour cet effet, il faut aimer la tempérance, et observer un régime de vivre rafraîchissant, afin de rétablir son estomac lorsqu'il est dérangé.

Pour l'asthme.

Je vais ajouter à ce que nous venons de dire, la relation d'un fait concernant un homme de la paroisse de Shoredicth ; je la tiens d'une personne digne de foi. Cet homme était extraordinairement incommodé de l'asthme, et en consomption ; il avait tenté une infinité de remèdes, mais inutilement. A la fin, un médecin lui conseilla, comme il était pauvre, de ne boire que de l'eau, et de ne prendre pour tout aliment, que de l'eau de gruau, sans sel, ni sucre; il continua de vivre de cette manière pendant trois mois, se trouvant un peu mieux au commencement; et à la fin des trois mois il fut parfaitement guéri: mais par manière de précaution, il continua ce régime de vivre encore un autre mois, il devint vigoureux, et il engraissa. Ce genre de vivre ne le flattant pas beaucoup, il en reprit un plus succulent; mais cependant il attendait toujours qu'il eût bien faim, et alors il mangeait avec plaisir: c'est en cela peut-être que consistait la plus grande partie de sa guérison; car il est bon pour la santé, de ne jamais manger que quand on a faim.

Pour la toux.

Je me souviens d'avoir vu une jeune femme brunisseuse d'argent, qui était tourmentée d'une violente toux ; un apothicaire lui avait donné beaucoup de drogues sans pouvoir la guérir ; enfin, le garçon de l'apothicaire lui rapporta que son maître avait dit, qu'il n'y avait plus rien à lui faire ; mais il ajouta en même temps : Je vous conseillerais de vous laver tous les matins le derrière des oreilles, les tempes et le sommet de la tête avec de l'eau froide. Elle m'a dit l'avoir fait, et que, de cette manière, elle se trouva parfaitement guérie de sa toux.

Pour la difficulté d'uriner et la constipation.

On a vu plusieurs autres cas où l'usage de l'eau a fait beaucoup de bien. J'ai connu un vieux médecin, grand praticien, qui me disait que, dans les difficultés d'uriner, il avait conseillé plusieurs fois de mettre sa verge dans de l'eau aussi chaude qu'on pouvait la souffrir, ce qui faisait uriner dans un instant. Les femmes en retirent le même avantage, en recevant sur un siége la vapeur de l'eau chaude. Il conseillait aussi, à ceux qui sont constipés, et qui ne vont qu'avec beaucoup de peine à la selle, de s'asseoir sur un pot plein d'eau chaude; ce qui était bientôt suivi d'une selle, à cause de la vapeur qui entrait dans le corps, et provoquait l'expulsion des excrémens, sans faire de grands efforts.

Pour rendre plus doux les enfans opiniâtres et revêches.

L'on a observé que les enfans opiniâtres et revêches, deviennent beaucoup plus doux, en leur lavant tous les matins les parties inférieures avec de l'eau, afin d'ôter les sels de leur urine qui s'insinuent ordinairement dans les pores de la peau ; ce qui les rend chagrins et de mauvaise humeur : car rien n'est si propre à enlever les matières âcres qui s'attachent à ces parties, que l'eau.

Pour guérir les écorchures et s'endurcir le corps.

Je ne connais rien de plus efficace, pour guérir les écorchures qu'on se fait en montant à cheval, que de se bien laver, en se mettant au lit, avec de l'eau froide. Veut-on aussi s'endurcir le corps, et n'être point sujet à s'enrhumer à chaque instant, l'on n'a qu'à se laver la poitrine avec de l'eau froide tous les matins.

Pour les maladies de la tête.

Mayerne nous assure que dans toutes

les maladies de la tête, il n'y a rien de meilleur que de se laver avec de l'eau froide. J'en ai fait l'expérience avec succès, dans une violente douleur d'oreilles, qui m'était survenue pour avoir pris du froid : il me parut que la douleur se dissipait, en y appliquant, pendant trente minutes, une serviette à plusieurs doubles, trempée dans de l'eau froide; et quoiqu'elle revînt quelques heures après, j'obtins pourtant du soulagement de la même manière, et une parfaite guérison après avoir fait quatre fois la même chose. L'on ne trouvera pas si étrange qu'on guérisse, par l'application d'une chose froide, une douleur causée par le froid, si l'on considère que dans le Nord, on ne saurait guérir la mortification des parties, que la violence du froid y cause, qu'en y appliquant de la neige.

De l'excellence de l'eau, pour boisson ordinaire, dans plusieurs cas.

L'eau, lorsqu'on s'en sert avec prudence, paraît, par les observations que nous avons rapportées, très-efficace pour prévenir et guérir beaucoup de maladies; mais surtout, si on s'en sert intérieurement : car, pour me servir des termes du docteur Curtis, dans son *Essai de la conservation et du rétablissement de la santé*, l'usage de l'eau, pour boisson ordinaire, « conserve le ferment naturel » de l'estomac, dans l'état où il doit » être, tempère le sang, et sert à pro- » longer le fil de notre vie, autant que » la nature peut le permettre ; elle rend, » pendant la nuit, le sommeil plus tran- » quille et plus efficace, la raison et » l'entendement plus clairs, les passions » moins déréglées ; et si on mange trop, » un grand verre d'eau froide vaut in-

» finiment mieux que tous les cordiaux, » pour faire la digestion : l'eau n'étant » pas, dit-il, ni si froide ni si peu ani- » mée, que beaucoup de gens s'imagi- » nent. » Outre ce que ce médecin dit en faveur de l'eau, c'est assurément une boisson qui ne saurait fermenter dans l'estomac, ni s'aigrir comme le vin et les liqueurs fortes, ni empêcher la digestion, comme font tous les acides qui sont dans l'estomac : lorsqu'il s'y en trouve beaucoup, veut-on les corriger et les adoucir, il faut boire beaucoup d'eau ; ce qu'une expérience de quarante ans m'a appris aussi bien qu'à plusieurs autres. Quoiqu'on regarde l'eau comme une boisson méprisable, j'ai pourtant commencé d'en boire à trente ans ou environ : avant ce temps, ma manière de vivre n'était pas fort réglée, et j'en ai toujours continué l'usage depuis, ne buvant que fort peu de vin ou de liqueurs fortes ; aussi, suis-je parvenu à l'âge de soixante-quatorze ans, tandis qu'une infinité de gens qui ne se plaisaient qu'à boire de la forte bière, du vin et de l'eau-de-vie, n'ont pas vécu la moitié tant; ce qui confirme ce passage de l'Écriture : « Le vin est » une chose luxurieuse, et l'ivrognerie est » pleine de tumulte. » *Prov. XXI.* En effet, le vin ne contribue en aucune manière à prolonger la vie; étant certain qu'il y a une infinité de gens qui vivent, sans boire aucune liqueur forte, aussi longtemps que ceux qui en boivent: à la vérité, on en voit d'un tempérament assez fort pour résister, et ne mourir qu'à un âge fort avancé, quoiqu'ils soient de grands buveurs; mais pour un qui parvient à un âge avancé, il y en a cent qui meurent avant d'être arrivés à la moitié de la carrière de leur vie: et généralement on observe, qu'à la longue, les plus forts tempéramens se ruinent par les excès et par la débauche ; de toutes les manières de vivre, n'y en ayant de sûre que celle qui est accompagnée de la tempérance et de la médiocrité. La nature peut bien, dans quelques-uns, résister pour un temps aux abus qu'on commet dans le régime de vivre ; mais elle est à la fin contrainte de céder à l'ennemi ; et ceux qui vivent très-longtemps, en menant une vie déréglée, auraient pu, par la force de leur constitution, vivre encore beaucoup plus s'ils avaient fait moins d'excès dans le manger, et s'ils s'étaient accoutumés à boire plus d'eau. Comme cette boisson est la meilleure qu'il y ait, et que ceux qui sont d'un tempérament fort, vivraient à proportion plus qu'ils ne font, s'ils en usaient, elle est d'autant plus nécessaire pour les personnes faibles et valétudinaires, et naturellement sujettes à la goutte, à la pierre, à la difficulté de respirer, aux vents, aux indigestions, et à d'autres maux de cette nature.

Pour exciter le vomissement.

Mais le principal usage de l'eau, pour la conservation de la santé, c'est de s'en servir comme de vomitif, comme on l'a fait voir ci-dessus. C'est un remède infaillible, et le plus prompt qu'on ait jamais trouvé pour toutes les maladies d'estomac; car en s'excitant à vomir avec de l'eau chaude, on se guérit dans une heure de temps; on prévient par-là une grande maladie, et on conserve la vie à une infinité de gens jusqu'à un âge avancé, en faisant sortir de l'estomac cette matière épaisse, gluante et corrompue, qui est la cause du mal, et de toutes les maladies mortelles; surtout de l'apoplexie, qui, quoiqu'elle soit placée parmi les maladies de la tête, a pourtant son principe dans un estomac trop rempli, que rien ne saurait si bien évacuer que les vomitifs. De là vient que le docteur Curtis dit qu'il est très-aisé de se faire vomir avec de l'eau chaude, ou une infusion de thé et de chardon-benit, pour faire sortir les matières qui flottent dans l'estomac, et ce flegme épais et gluant, qui s'attache fortement aux rides de cette partie, et sur lequel les purgations n'agissent pas toujours, et souvent même n'y servent de rien. Il est dix fois plus facile de se faire vomir avec de l'eau chaude, et même plus agréable, qu'avec une infusion de thé et de chardon-benit que les médecins ordonnent quelquefois. Il est encore certain, que l'eau chaude ne saurait faire aucun mal ni aucune violence, comme font quelquefois les compositions émétiques d'antimoine, lorsqu'on n'a pas soin de boire, après chaque fois qu'on vient de vomir, une pinte ou plus d'eau de gruau, ou d'eau chaude; au lieu que si vous vous servez de l'eau chaude toute seule pour vomir, vous pouvez arrêter le vomissement lorsque vous le souhaitez, en cessant de boire de cette eau.

Il ne faut pas que j'oublie de rapporter ici ce que j'ai éprouvé depuis quelques années, et qui peut servir aux hommes pour se garantir des maladies qu'un trop grand excès dans le manger peut occasioner. Etant invité à dîner dans un endroit où l'on servit plusieurs plats exquis, on m'obligea de manger plus que je n'aurais fait; et peu de temps après le dîner, je me sentis un peu incommodé: je sortis, et dans un endroit retiré, je tâchai de vomir, en me chatouillant le gosier avec le doigt; mais je ne pus pas vomir à mon souhait, je ne fis que rendre deux ou trois gorgées de flegme épais; après quoi je me trouvai mieux, et mon mal de cœur cessa. J'ai profité de ceci; j'ai mis plusieurs fois cette pratique en usage, et je crois qu'en faisant sortir ces flegmes, qui travaillent à l'orifice de l'estomac, comme le levain dans la bière, un homme se garantirait de certaines maladies que l'excès du manger cause. C'est le conseil, je m'en souviens, qu'un nommé Vaughan, dans un livre imprimé depuis long-temps, intitulé, *Avis pour la santé*, donne à ceux qui mangent beaucoup ; il leur conseille, comme un moyen excellent pour conserver la santé, de se chatouiller avec le doigt le gosier, le matin en se levant, pour s'exciter à rendre les glaires qui sont dans leur estomac : on dit aussi que c'est un préservatif infaillible contre la goutte.

Pour les tranchées, la colique, la gravelle, les fièvres, etc.

Il est temps de finir en observant cependant, que dans les maladies où l'usagede l'eau en boisson convient pour la guérison, il ne faut pas se contenter d'en boire un peu, il en faut boire abondamment; comme par exemple, lorsqu'il s'agit d'apaiser les tranchées dans un cours de ventre : car si on n'en buvait qu'une pinte, à peine sentirait-on du soulagement; mais si l'on en boit trois pintes par heure, elle corrigera l'âcreté et les mauvaises qualités des humeurs, et on s'apercevra d'abord d'un soulagement. Si la saison est trop froide, pour boire de l'eau toute froide, vous pouvez la faire chauffer un peu sur le feu; ou bien, mettez-y une rôtie de pain toute chaude, dans chaque pinte. Il en est de même dans les fièvres ou dans la gravelle, ou dans la colique; une petite quantité ne saurait produire aucun effet dans ces occasions : dans la colique, il en faut trois pintes, c'est une chose qu'il faut bien remarquer; et dans la fièvre, une petite quantité ne fait qu'augmenter plutôt la chaleur, au lieu qu'une grande quantité l'apaisera en peu de temps, pourvu qu'on en boive souvent. Le repos, l'abstinence et une grande quantité d'eau en boisson, après un ou deux vomitifs, sont des choses qui n'ont encore jamais manqué de procurer la guérison des fièvres, en nettoyant les impuretés de l'estomac, qui causent la maladie : cette méthode sera toujours suivie d'un heureux succès, si la fièvre est simple, sans être compliquée avec d'autres maladies capables de résister à toutes sortes de remèdes ; car, dans beaucoup de cas, rien ne saurait empêcher la mort, comme cela est évident par la mort même des plus habiles médecins, et par celle de beaucoup de personnes qui les consultent pour leur guérison ; puisqu'il y en a qui meurent entre les mains des plus habiles médecins aussi bien qu'entre celles des charlatans.

Pour la mélancolie.

Je vais encore ajouter à ce que je viens de dire, une expérience qui est d'une très-grande importance. Je suis fort mélancolique et d'un tempérament hypocondriaque ; ayant été souvent extrêmement accablé de chagrin, à cause de certaines disgrâces qui me sont arrivées, et qui n'ont pas laissé que d'être grandes, puisque je me suis même vu menacé de perdre la vie ; pendant le chagrin, je sentais toujours une très-grande difficulté de respirer, qui continuait quelquefois longtemps ; mais à présent, j'ai un remède excellent contre cet inconvénient ; je n'ai qu'à boire une pinte ou davantage d'eau froide, je me trouve soulagé dans deux ou trois minutes ; de sorte qu'il semble que je n'ai plus aucun chagrin. Je veux bien communiquer cette expérience en faveur de ceux qui sont dans le même cas; étant fermement persuadé que l'estomac sympathise avec l'esprit, et que c'est l'esprit qui cause cette sensation inquiète et la douleur qu'on sent dans cet endroit. Je trouvai alors, que le meilleur remède pour moi, c'était de l'eau froide; et je crois que ceux qui voudront s'en servir en pareille occasion, en retireront le même avantage : elle soulage aussi dans la crainte.

Pour les vapeurs.

Il y a encore une autre expérience, dont j'ai souvent vu de bons effets, la voici. Si les personnes sujettes aux vapeurs, ou au mal appelé communément *mal de mer*, boivent de l'eau toute pure, lorsqu'elles sentent que le mal approche, elle leur procurera immédiatement du soulagement. Dans cette occasion, le docteur Bates prescrit le julep suivant : « Prenez une cuillerée de farine » de froment, une once de sucre royal, » et une pinte d'eau; mêlez le tout en- » semble et faites-en boire au malade. » Ceci est plus agréable que l'eau toute pure ; mais l'eau seule aura le même effet, ou plutôt elle produira de meilleurs effets, comme on l'a souvent éprouvé dans les personnes sujettes à ces maux.

Comment il faut distinguer la bonne eau d'avec la mauvaise.

On demandera peut-être comment il faut distinguer la *bonne* eau d'avec la *mauvaise?* Le meilleur moyen que nous ayons pour cela, c'est le goût et l'odorat; car si elle n'a ni goût ni odeur, si elle n'est point salée, douceâtre, ni puante, elle est bonne, pourvu qu'elle soit fraîche, pure et claire. L'eau commune dont on se sert à Londres, a toujours ces qualités quand elle est bien reposée, ou que le temps est beau. A l'égard des curieux et de ceux qui veulent faire de la dépense, la meilleure eau pour boire, c'est l'eau distillée par l'alembic, ou à froid, comme lorsqu'on distille des eaux froides de certaines plantes; car dans la distillation, les parties terrestres ou métalliques, ni les sels d'aucune espèce, ne s'élèvent jamais : de sorte que l'eau distillée doit être pure et excellente lorsqu'elle est froide, et elle peut se conserver aussi long-temps sans se corrompre, qu'aucune eau froide distillée chez les apothicaires, comme le docteur Quincy l'assure dans son *Dispensaire.*

Ceux qui n'ont pas la commodité d'avoir de l'eau distillée, peuvent la faire bouillir un peu, comme on la fait bouillir pour le thé; car alors, si après qu'elle est refroidie, on la garde quelque temps, elle devient encore plus belle ; et si elle contient quelque matière, elle se précipite au fond du vase, ce qui la rendra encore plus pure. En un mot, toute sorte d'eau qui mousse bien avec le savon, est saine et bonne à boire, sans qu'il faille la faire bouillir.

Pour apaiser les tranchées d'estomac, et pour fomenter les plaies du visage.

Comme j'allais finir le recueil des observations que je viens de rapporter, il me tomba entre les mains un *Traité* de Boerhaave, où ce médecin assure que l'eau chaude pour boisson est un bon remède pour apaiser les tranchées de l'estomac ; et qu'elle est bonne pour fomenter les plaies du visage, lorsqu'elles sont prêtes à se consolider ; il faut avoir soin de tenir l'endroit de la plaie toujours mouillé : ce qu'on ne saurait mieux faire, à mon avis, qu'en y appliquant des linges mouillés, et en les y laissant jusqu'à ce qu'ils commencent à être secs; car de cette manière on préviendra l'escarre. Il dit encore que l'eau chaude est plus propre pour atténuer ou subtiliser le sang que l'eau froide.

Pour les fièvres.

Le docteur Hancock, chapelain du duc de Bedfort, vient de publier, depuis peu, un recueil d'expériences sur l'eau, intitulé, *Febrifugum magnum;* où il dit, qu'en buvant une pinte ou une quarte d'eau dans le lit, on sue copieusement, qu'on guérit par-là toutes les fièvres ardentes, et qu'on en a vu guérir avec une seule dose. Il dit qu'elle fait suer sans qu'il faille se couvrir plus qu'à l'ordinaire. Bien plus, il assure que si l'on en boit au commencement du frisson de la fièvre, et qu'on sue après cela, deux ou trois doses suffiront pour guérir cette maladie. Je sais qu'on a remarqué, qu'en buvant une grande quantité d'eau chaude, on a guéri ou prévenu le frisson de la fièvre; mais c'était sans faire suer le malade. Voici les relations qui confirment l'observation du docteur Hancock; c'est M. Rhoresby, membre de la société royale de Londres, qui me les a communiquées; il les avait reçues de M. Lucas, gentilhomme savant de la ville de Leeds, dans la province d'Yorck.

Le capitaine Rosier fut attaqué d'une violente fièvre; d'abord qu'il s'en fut aperçu, il dit qu'il lui fallait de l'eau froide. L'hôtesse de la maison où il logeait ne la croyant pas propre pour ce malade, la fit bouillir à son insçu; elle y mit quelques liqueurs spiritueuses, et la lui envoya lorsqu'elle fut refroidie : mais en ayant senti l'odeur, il ne voulut point en boire, disant qu'il savait ce qu'il faisait, et qu'il avait éprouvé la chose plusieurs fois. Ensuite s'étant fait apporter de l'eau froide, il en but; il eut une sueur très-abondante, et le lendemain il fut guéri.

Un autre capitaine de vaisseau suivait aussi la même méthode, lorsque lui, ou quelqu'un de ses gens avaient la fièvre; et il avait tout le succès qu'il pouvait souhaiter.

M. Lucas ajoute, dans une autre lettre au même M. Rhoresby, que sa propre femme étant attaquée d'une violente fièvre, but beaucoup d'eau, et qu'ensuite elle sua prodigieusement; après quoi elle fut guérie.

Tous ces exemples ne font que confirmer la nouvelle méthode de guérir les fièvres, que le docteur Hancock vient de publier.

Pour guérir les rhumes et la toux.

Il dit aussi, qu'il a appris, par une longue expérience, qu'avec l'eau froide on guérit les rhumes ordinaires; et cela, en buvant un grand verre d'eau en se couchant, un autre pendant la nuit, et un autre le matin : il assure qu'il n'y a rien de meilleur pour cuire, adoucir et refondre l'humeur âcre et subtile qui cause le rhume, et qui excite la toux : car si l'humeur du rhume est subtile, il est difficile de la faire sortir : mais lorsqu'elle est épaisse, elle sort plus aisément, et la toux cesse bientôt. Ce qui s'accorde avec ce que j'ai déjà dit, fondé sur la longue expérience que j'en ai faite.

Pour donner des forces.

Il assure encore, après une longue expérience, qu'ayant l'habitude de faire huit ou dix milles d'Angleterre en se promenant le matin, il trouva que l'eau lui donnait deux fois autant de force que le vin ou l'aile; et si elle est capable de produire ces effets sur une personne qui n'a point d'asthme, il ne doute point qu'elle n'ait le même résultat dans une personne qui en serait incommodée. Il assure aussi qu'il n'y a pas de meilleur remède que l'eau, après un excès dans le manger; et c'est une vérité que je puis attester par une longue expérience.

Pour le rhumatisme.

Il assure outre cela que l'eau froide pour boisson produit souvent de bons effets dans le rhumatisme ; qu'il avait conseillé à une personne qui en était attaquée, d'en boire lorsqu'elle serait dans son lit, et que cela emporta le mal. Mais si l'eau atténue extrêmement le sang, comme Boerhaave nous l'assure, il vaut mieux, pour cet effet, la boire chaude tous les jours, et en quantité : car, comme Pitcarn l'observe, c'est le meilleur dissolvant que nous ayons pour toutes sortes de sels qui sont dans notre corps ; elle les emporte par les urines, si on en boit abondamment ; en effet, c'est par cette voie que les sels de notre corps s'échappent, comme il est évident par le goût de l'urine.

Pour la goutte remontée dans l'estomac.

Comme M. Hancock a appris par une longue expérience que l'eau est bonne pour l'estomac, qu'elle le fortifie, le met en état de bien faire ses fonctions, et digère toutes les humeurs, il a cru qu'elle guérirait la goutte remontée dans l'estomac: peut-être le ferait-elle mieux que le vin, qui manque souvent en cette occasion; et je ne suis pas surpris que la même liqueur, qui est la cause principale de la goutte dans les autres parties, au lieu d'aider, tue plutôt, comme cela arrive souvent, quoiqu'on boive du vin le plus fort qu'on puisse trouver.

Pour procurer la sueur dans les fièvres.

En un mot, il assure, et cela avec beaucoup de raison, qu'il est plus naturel de procurer la sueur dans les fièvres, en faisant boire de l'eau froide, qu'en donnant des sudorifiques chauds, qui sont souvent nuisibles au commencement des fièvres, à moins qu'on ne prenne en même temps beaucoup de liqueurs rafraîchissantes; ces sudorifiques, étant plus propres à enflammer qu'à rafraîchir et étancher la soif : c'est ce qui a obligé les médecins à ne pas conseiller souvent les sueurs, à cause qu'ils ignoraient cette manière de suer, pour guérir les fièvres, en buvant de l'eau froide. Il dit avoir vu réussir cette méthode dans un de ses parens, le cinquième jour après le commencement de sa maladie; lui ayant donné une dose d'eau, lorsqu'il était au lit, il sua extraordinairement pendant vingt-quatre heures, et il fut guéri. Demi-pinte, dit-il, suffit pour un enfant, une pinte pour un homme ou une femme, quoique si on en boit une quarte, il n'en sera que mieux.

Pour procurer heureusement l'éruption des pustules dans la fièvre pourprée, la petite vérole et la rougeole.

Dans la fièvre pourprée, la petite vérole et la rougeole, quoique l'eau ne fasse pas suer, elle ne laissera pas de calmer et d'arrêter si bien les progrès de la fièvre, que l'éruption en sera beaucoup plus heureuse : ce qui sert à confirmer l'observation que nous avons rapportée touchant l'ordonnance du docteur Betts, qui ordonna deux quartes d'eau dans un cas où la petite vérole avait de la peine à sortir ; l'eau servant de véhicule à la matière morbifique pour la transporter vers la peau, comme l'auteur de l'*Histoire des Bains froids* l'observe (page 347), au sujet d'une certaine personne, et il dit, qu'il pourrait nous fournir cent exemples de personnes mortes à tout âge, faute de leur donner à boire pendant la petite vérole; car cela empêche que les pustules ne se remplissent.

Pour la peste.

Le docteur Hancock rapporte un fait tiré de l'auteur d'un traité intitulé, l'*Esprit fort*. Il s'agit d'une femme, qui, dans la dernière grande peste, fut atteinte de cette maladie : elle pria son mari de lui aller quérir une potée d'eau, dont elle but une grande quantité; mais comme elle ne se tint pas bien couverte, elle ne sua point. Cependant elle guérit. Il nous rapporte encore un autre fait, concernant un Anglais, autrefois résidant à Maroc, qui étant tombé malade de la peste, dans cette ville, et s'étant fait apporter de l'eau pour boire, eut une sueur violente, et fut guéri par-là. D'où il conclut, que l'eau est bonne dans la peste. Ce qui s'accorde avec ce que M. Floyer raconte dans son *Traité des Bains froids*, où il dit (page 223) que de tous ceux qui demeuraient sur le pont de Londres, il n'en mourut que deux de la peste; étant à supposer, que la fraîcheur de l'air contribua à la santé de ceux qui logeaient sur l'eau, et que leur sang fut toujours plus tempéré que celui des autres : on dit aussi qu'elle ne fit pas tant de ravages parmi les bateliers que parmi le reste du peuple.

Ajoutons encore quelque chose à ce que le docteur Hancock vient de dire au sujet de la guérison des fièvres. Je dis que, si au commencement, la fièvre se trouve accompagnée de quelque grande douleur d'estomac, de nausées ou de vomissement, le plus sûr sera de nettoyer en premier lieu l'estomac, en faisant vomir avec de l'eau chaude de la manière que nous avons dit ci-dessus; car je ne crois pas que les sueurs puissent évacuer les mauvaises humeurs de l'estomac : elles peuvent faire du bien; mais certainement le plus sûr, c'est de nettoyer en premier lieu l'estomac, qui est l'endroit d'où toutes les matières tirent leur origine; après cela on donnera de l'eau froide à boire avec succès, pour faire suer. A la vérité, je n'en ai fait aucun essai depuis la publication du livre de ce médecin; mais je fais grand cas de ses observations relatives aux avantages de l'eau; tant j'en ai vu de bons effets, dans une pratique de plus de quarante ans d'expériences : car c'est depuis ce temps que j'ai commencé à recueillir les observations et à faire les essais dont je donne à présent le résultat au public.

J'ai d'abord fait, pour le bien général des hommes de toutes les classes et de tous les âges, un extrait de tout ce que j'ai lu dans les livres de médecine, concernant l'usage de l'eau commune, pour prévenir et guérir les maladies : à cela j'ai joint mes propres expériences ; et après le grand nombre d'épreuves que j'en ai fait, je puis les garantir pour certaines ; surtout celles qui concernent la guérison des maladies de l'estomac, occasionées par les humeurs ; auquel cas le remède le plus sûr c'est de se faire vomir avec de l'eau chaude : remède simple, qui, dans une seule année, si l'on en faisait usage généralement, préviendrait infailliblement une infinité de maladies et de morts prématurées, puisqu'on enlève, par ce moyen, la cause de toutes les maladies de l'estomac, d'où la plupart des maux qui affligent l'humanité tirent leur origine.

FIN DE L'OUVRAGE DE M. ROWE.

ADDITION
AUX
OBSERVATIONS
DU DOCTEUR ROWE.

Les eaux qui coulent des terrains élevés sont les meilleures. On préfère celles dont les sources sont tournées au levant, parce qu'elles sont les plus claires, sans odeur, ni goût..... La plus légère, la plus pure, la plus douce est celle qu'il faut à des personnes constipées; celle qui est plus rude convient mieux aux gens dont les intestins sont trop humides et trop flegmatiques.

L'eau est en général très-salutaire à

ceux dont le tempérament est chaud. Presque tous les buveurs d'eau sont gens de bon appétit..... Les meilleures eaux sont celles qui coulent des lieux élevés et des collines de terre. Prises seules, elles sont agréables et légères ; et il suffit de les mêler avec très-peu de vin pour rendre insensible leur goût naturel. De plus, elles sont chaudes en hiver, et fraîches en été ; ce qui prouve la profondeur considérable de leurs sources. Mais il faut surtout recommander celles dont le cours est dirigé vers l'orient, et particulièrement celui d'été, parce qu'elles sont nécessairement plus limpides, légères et sans odeur. Toute eau salée, crue et dure est en général mauvaise à boire... Tous ceux qui ont le ventre resserré, brûlant et sujet à se constiper, se trouvent bien de l'usage des eaux les plus douces, les plus légères, et les plus limpides. Au contraire, les eaux très dures, très-crues et saumâtres, conviennent mieux à ceux qui ont le ventre lâche, humide et plein de pituite, par la raison même qu'elles sont très-propres à consumer les humeurs. En effet, il est naturel que toutes les eaux qui cuisent promptement et qui sont molles, lâchent aussi et humectent le ventre, et que les eaux crues, dures et difficiles à cuire, le resserrent et le dessèchent. (Hippocrate.)

On ne saurait trouver de meilleur remède que l'eau pour *conserver* la santé et *prévenir* les maladies.... L'eau pure et subtile divise et atténue parfaitement bien les parties solides et gluantes des humeurs, les empêchant ainsi de se coller les unes aux autres : c'est encore l'eau qui dissout tout ce qu'il y a d'inutile et de visqueux, et qui imbibe plusieurs sortes de particules terrestres, salines, sulfureuses, et les entraîne hors du corps par les couloirs convenables. Il paraît de là, que le manque d'humidité et de mouvement, est la source d'une infinité de maladies.

Cela considéré, il est aisé de voir la raison pourquoi les buveurs d'eau (bien entendu que ce soit de celle qui a les qualités requises) se portent beaucoup mieux, et vivent plus long-temps que ceux qui boivent de la bière ou du vin. C'est même l'eau qui leur donne ordinairement meilleur appétit et plus d'embonpoint que n'en ont les autres, comme l'a remarqué Fonseca dans son *Traité de la Conservation de la Santé.*

En effet, l'eau est une liqueur très-propre pour la dissolution des alimens, pour l'extraction des parties chyleuses, et pour faire entrer et conduire le suc nourricier dans les pores intérieurs des parties. Enfin l'eau déterge fort bien et promptement la muscosité visqueuse et tenace qui enduit les parois glanduleuses de l'estomac et du duodenum, donnant ainsi de la facilité aux sucs dissolvans (qui suintent dans ces parties, et qui sont les sources de l'appétit et de la digestion) de pouvoir se mêler en plus grande abondance aux alimens, pour les réduire en bon chyle.... *Les buveurs d'eau ont les dents beaucoup plus fermes, et plus blanches;* la nourriture et la carie des dents étant une suite du scorbut, dont la boisson de l'eau pure empêche la naissance, parce qu'elle purge le sang des impuretés qui s'y rencontrent, et les fait sortir facilement par les couloirs qui leur sont appropriés. D'ailleurs, *les buveurs d'eau sont beaucoup plus dispos dans toutes les fonctions tant du corps que de l'esprit*, que ceux qui boivent de la bière: car il est un grand nombre de bières qui engendrent des sucs grossiers, pesans, épais et visqueux, qui ont bien de la peine à passer par les petits tuyaux du cerveau et des nerfs; c'est ce qui occasione la langueur du corps, et fait qu'on ne sent point dans ses membres cette disposition et cette vigueur pour le sentiment et le mouvement. Plus donc la boisson de l'eau pure et simple se trouve convenable à la santé et à la vie, plus, dis-je, est-il étonnant que les habitans des pays du Nord, comme de l'Allemagne, des Pays-Bas, etc., ont une si grande aversion pour cette boisson salutaire. Il est sûr, cependant, que les bières, et particulièrement celles qui sont trop épaisses et nourrissantes, donnent accès à plusieurs maladies très-considérables, surtout si l'on joint ordinairement à cette boisson celle d'une grande quantité d'eau-de-vie. Il serait beaucoup plus à propos, certainement, de s'accoutumer à boire de la bonne eau, et de la boire ou pure, ou mêlée avec du vin, suivant les divers tempéramens..... Il n'y a rien de plus convenable dans les fièvres que de boire de l'eau, et même en quantité; car c'est l'unique soulagement des fébricitans, et le meilleur remède qu'on puisse leur donner.

Riedlinus rapporte qu'une femme attaquée d'une mélancolie qui approchait de la manie, s'était servie, avec succès, pendant deux ans entiers, de l'eau de pluie en boisson; et il dit ailleurs « qu'on » doit boire de l'eau de pluie en guise » d'eau minérale, premièrement, en augmentant peu à peu la quantité qu'on » en boit, continuant à en boire dans le » dernier degré pendant quelques jours, » et diminuant ensuite peu à peu la » dose : c'est en faisant un tel usage de » cette eau, ajoute-t-il, que les cachétiques (1) et les étiques peuvent se guérir ».

Rivière assure, dans ses ouvrages, en

(1) Gens sujets à un mauvais effet de la dépravation des humeurs.

parlant de la suppression des mois, que le bain d'eau tiède, préparé avec quelques plantes émollientes et aromatiques, est un des meilleurs remèdes pour rétablir le cours des règles supprimées.

Parmi les anciens, Celse recommande beaucoup l'usage de l'eau froide, disant que « les personnes qui sont sujettes » aux rhumes et aux fluxions de tête, » se trouvent fort soulagées par l'u- » sage extérieur de l'eau froide, qu'elle » convient de même, quand on a les » yeux chassieux, lorsqu'on est enchi- » frené, qu'on est incommodé de rhume » et de distillation d'humeurs du cer- » veau, et qu'on a mal aux amygdales. »

« Je m'étonne, dit Baillou, pour- » quoi nous n'avons pas plutôt recours à » l'eau et au suc de plantin, dans les » dartres et les inflammations, maladies » où l'indication du médecin est d'hu- » mecter et de rafraîchir. »

Sylvaticus recommande aussi extrêmement l'usage de l'eau dans les rougeurs du visage, et lorsqu'on y a ces boutons qu'on appelle goutte-rose ou couperose ; de même que dans la gale, et dans l'intempérie chaude du foie. L'eau froide en boisson fait encore beaucoup de bien aux goutteux. Martianus rapporte, dans son *Commentaire* sur Hippocrate, que lé cardinal Berneri fut entièrement guéri de sa goutte par la seule boisson de l'eau froide; et Rondelet assure, dans sa *Pratique* (page 611), avoir guéri plusieurs goutteux, en leur faisant boire de l'eau froide ; ce qui réussit mieux dans la goutte bilieuse. Cependant, comme il se rencontre des personnes d'un tempérament fort froid, à cause de la faiblesse des nerfs et du rétrécissement de la capacité des vaisseaux, et que ces personnes ne sauraient supporter la boisson de l'eau froide sans incommodité ; dans cè cas, dis-je, il est à propos de chauffer l'eau qu'on leur fait boire ; mais avec cette précaution pourtant, qu'après avoir mis son eau dans des bouteilles bien bouchées, on mette ensuite tremper ces bouteilles dans un vaisseau plein d'eau bouillante, afin qu'en chauffant l'eau de cette manière, les parties subtiles qu'elle contient ne puissent s'exhaler.

L'eau chaude prise à jeun, suivant la remarque d'Avicenne, nettoie l'estomac, lâche le ventre, remédie aux douleurs de la colique et dissipe les vents; elle est aussi fort bonne pour l'épilepsie, le mal de tête, l'ophtalmie, les distillations d'humeurs du cerveau, et pour ceux qui ont quelque rupture dans les poumons ; outre cela, cette eau provoque les règles, fait uriner, et apaise les douleurs....

Il me reste encore à montrer, dit Hoffman, que *l'eau commune est le remède univer-*

sel, qui ne convient pas seulement à toutes sortes de constitutions, mais outre cela, qui remplit toutes les indications des médecins dans les maladies. Je dis donc, en premier lieu, que la boisson de l'eau est bonne pour tous les *tempéramens* : car dans les personnes *sanguines*, chez qui la capacité des vaisseaux prête et s'agrandit facilement, et qui d'ailleurs en ont quantité de très-petits, l'eau facilite et accélère la circulation du sang, qui sans cela, circulerait plus lentement et avec plus d'embarras, et ferait ainsi des stagnations dans les viscères. Quant aux personnes bilieuses, chez qui les humeurs sont en grand mouvement, l'eau tempère leur trop grande chaleur, et rendant la transpiration plus libre, elle fait sortir les particules sulfureuses et chaudes par les conduits excrétoires de la peau, qui sont alors très-ouverts. D'un autre côté, elle fait un bien infini aux *mélancoliques* et aux *flegmatiques*, en délayant le sang épais, et dissolvant la viscosité des humeurs. Outre cela, l'eau convient à toutes sortes d'*âges ;* en effet, comme les *enfans* à la mamelle tombent souvent dans des maladies très-fâcheuses, causées par la viscosité et l'acrimonie du lait, nous voyons par expérience, qu'outre les absorbans, les délayans aqueux, pris chaudement, sont d'un très-grand secours dans tous ces cas. Pendant la *jeunesse*, à cause de l'abondance du suc nourricier et de l'épaississement des humeurs, il arrive quantité de différens maux, tels que sont les catarrhes et les maladies de la peau ; et l'on sait par expérience que les délayans pris en infusion, sont excellens pour toutes ces incommodités. Il en est de même des infirmités qui attaquent l'âge viril, et même la vieillesse, dans toutes lesquelles la boisson de l'eau est très-convenable : car l'*âge viril* est fort sujet aux inflammations et aux fièvres ; et la *vieillesse* est attaquée de ces incommodités qui proviennent des obstructions. Or, je ne vois pas assurément, qu'il y ait de meilleur remède dans toutes ces maladies, que de la bonne eau, soit qu'on la boive chaude ou froide. La pratique nous apprend encore combien de fâcheux accidens la suppression des hémorroïdes et des règles, attire tous les jours aux hommes et aux femmes; et je sais certainement et par expérience, que les délayans entretiennent dans un bon ordre ces sortes de flux, qui sont ordinaires et salutaires au corps.

Tout le monde est convaincu que le pléthore (ou la trop grande abondance de sang) est une source féconde de plusieurs maladies; mais il n'y a rien de meilleur pour l'empêcher de se former, que de boire de l'eau chaude, ou des infusions d'herbes; car l'eau, en dissolvant la viscosité des humeurs, empêche qu'il ne se puisse engendrer et amasser une trop grande abondance de sang. La boisson de l'eau en quantité n'est pas moins utile pour corriger et détruire la cacochymie des humeurs; car elle entraîne et fait sortir très-promptement, par tous les émonctoires convenables, les parties impures et salines, qui sont des excrémens du sang. Outre cela, cette boisson tient ouverts tous les endroits par où le corps s'évacue, et fait sortir comme il faut les choses inutiles et les ordures: elle tient le ventre libre, et rend les excrémens liquides; elle débarrasse les conduits de l'urine, et en les lavant et nettoyant, elle empêche la concrétion et formation de la pierre; elle aide d'ailleurs parfaitement bien l'insensible transpiration, qui est la plus salutaire de toutes les évacuations; et si l'estomac est plein d'un amas de mauvaises humeurs, une quantité considérable d'eau chaude avalée, l'évacue le plus souvent très-promptement....

Enfin, il est à propos d'avertir ici, que ceux qui ne sauraient avoir de l'eau pure et bonne, doivent avoir soin de recueillir l'eau de pluie, ou se servir, à sa place, de celle de rivière ; et s'ils ne peuvent avoir ni de l'une ni de l'autre, il faut qu'ils distillent leurs eaux impures pour les rendre meilleures, ou qu'ils les corrigent en les faisant bouillir avec de la corne de cerf brûlée. C'est assurément un très-grand don de la nature dans une ville ou dans une province, lorsqu'on y trouve de bonnes fontaines, qui valent mieux que le plus précieux de tous les remèdes. Aussi est-il du devoir d'un sage médecin, d'examiner soigneusement, et le mieux qu'il lui est possible, les eaux du lieu où il exerce la médecine, afin de pouvoir s'en servir utilement dans la suite, tant pour prévenir, que pour guérir les maladies. Et c'est avec ce secours qu'il fera certainement plus de cures, qu'avec tous ces remèdes chimiques, et autres secrets qu'on vante si fort ordinairement, et dont on élève jusqu'au ciel les prétendues vertus. (Frédéric Hoffman, professeur en médecine et praticien célèbre à Hall en Saxe, *Dissertation sur les vertus de l'eau commune, où il est montré que c'est le remède universel.*)

.... Il n'y a rien de meilleur que l'eau froide, prise en grande quantité, pour procurer l'éruption de la petite vérole; elle emporte aussi toutes les coliques bilieuses, tempère l'ardeur des entrailles, et charrie le sable des reins; rien de meilleur pour un asthme convulsif dans un tempérament chaud et sec. Que ne produit-elle pas, appliquée extérieurement? elle prévient la rage, guérit la folie : en un mot, il n'est presque pas de maladie qu'elle n'ait guéri........

Il arrive souvent, surtout pendant les

grandes chaleurs, dans les tempéramens secs et bilieux, qu'on sent une grande amertume dans la bouche et des ardeurs dans l'estomac : cela vient de ce que la salive est chargée de particules âcres, sulfureuses ou bilieuses, qui ayant séjourné durant la nuit dans la bouche et dans l'estomac, excitent ces sensations désagréables : le meilleur remède que l'on puisse prescrire dans ces occasions, c'est de l'eau fraîche ; elle tempère l'ardeur, elle dissout et entraîne les sels ; elle enveloppe et éteint, pour ainsi dire, les portions bilieuses trop exaltées ou raréfiées.

..... Dans les coliques bilieuses, je sais par ma propre expérience, qu'il n'est rien de meilleur que l'eau froide, prise en quantité : la cause de ces coliques n'est qu'une bile extrêmement exaltée, raréfiée, alcalisée, qui se précipite dans les intestins, où elle continue de se raréfier, d'irriter, et de dilater l'air renfermé dans la cavité de ce canal, d'où viennent ces douleurs vives et cuisantes que l'on sent alors. L'eau fraîche, prise en quantité, arrête et tempère l'ardeur et l'exaltation de la bile, condense l'air, et lui fait occuper moins de volume, délaie les sels et les parties sulfureuses et alcalines de la bile; ce qui procure la guérison entière et prompte de la colique.

L'on croit communément qu'il n'est rien de plus mauvais que l'eau froide dans les dévoiemens; mais l'on se trompe, l'expérience nous a fait voir plusieurs fois, dans des cas entièrement désespérés, que l'eau froide guérissait ces sortes de maladies. Si le dévoiement est bilieux, si le malade est d'un tempérament sec, vif, mélancolique, sujet à de grandes chaleurs d'entrailles, l'eau froide ne saurait produire que de bons effets........

.... Il y a des personnes dans lesquelles souvent l'eau n'a pas tout le succès qu'on devrait en attendre; elle cause même, dans certains cas, de fâcheux inconvéniens, comme dans les personnes qui sont d'un tempérament froid, flegmatique et aqueux : ce n'est pourtant pas toujours à l'eau qu'il faut s'en prendre; c'est la personne ou bien ses parens qui en sont la cause. Il y a des hommes qui vivent de telle manière, qu'ils ne sauraient plus s'accoutumer à l'eau, ni se passer de vin : triste nécessité! Ils sont pour ainsi dire, contraints d'avancer la fin de leurs jours, et de mener, la plupart du temps une vie pleine d'infirmités; souvent même nous engendrons des enfans qui ne sauraient s'abstenir de vin par notre faute; tant cette liqueur influé sur le tempérament et la disposition du corps. Dira t-on qu'il s'en trouve qui en ne buvant jamais que du vin, sont parvenus à une extrême vieillesse? Mais je réponds qu'ils ne sont redevables de leur grand âge qu'à la force de leur tempérament, et je ne doute pas que s'ils n'avaient bu que de l'eau, ils n'eussent encore prolongé le cours de leur vie. L'exemple des animaux devrait nous faire rentrer en nous-mêmes, ils ont des corps organisés comme les nôtres, ils n'ont rien de différent; cependant ils ne boivent que de l'eau, et ils n'en sont pas moins vigoureux.

.... Les principales espèces de remèdes que nous connaissons internes, ce sont des purgatifs, des émétiques, des diurétiques, des sudorifiques, des cordiaux, des rafraîchissans, des adoucissans, des délayans, et des stomachiques: on peut réduire à ceux-ci tous les autres; je vais prouver que l'eau a toutes ces qualités.

1° De tous les purgatifs, je n'en connais pas de meilleur ni de plus innocent: elle humecte, ramollit, et relâche doucement les glandes et les vaisseaux des intestins, du pancréas (1), du foie, etc. A la vérité, ce n'est qu'après un long usage qu'elle produit ces bons effets. Les glandes et les vaisseaux de ces parties s'étant relâchés, il est évident qu'il s'échappe plus de liqueur qu'à l'ordinaire. Elle délaie les sucs épais et grossiers, et les met en état de couler et de sortir par les selles. En effet, on remarque que ceux qui sont naturellement fort resserrés, n'ont qu'à boire beaucoup d'eau pour se guérir. Dans les maladies aiguës et ardentes, lorsqu'un médecin ordonne de faire boire beaucoup d'eau à ses malades, elle leur lâche le ventre, et produit les effets des purgatifs. Que ce soit le plus innocent de tous les purgatifs, personne n'en disconviendra, puisque tout le monde en boit et que par elle-même elle ne produit ja-

(1) Corps charnu au milieu du mésentère; glande derrière l'estomac.

mais aucun fâcheux accident ; au lieu qu'il n'est point de purgatif, qui, donné à une certaine dose, ne soit un vrai poison.

2° L'eau est le plus excellent diurétique que nous ayons : d'abord qu'on en boit une certaine quantité, elle fait uriner même copieusement. Elle opère sans agiter ni causer le moindre désordre dans le corps ; si elle est diurétique, c'est parce qu'elle délaie les humeurs, se charge des sels qui ne s'échappent guère que par les reins, et augmente le volume des liquides. Ceux qui sont sujets à la gravelle, à rendre des glaires par la vessie, à des ardeurs d'urine, ne sauraient souhaiter un remède plus prompt et plus efficace : bien des gens en ressentent tous les jours des effets merveilleux.

3° Elle est émétique : prenez trois ou quatre pintes d'eau, faites-la tiédir un peu sur le feu, et buvez en une grande quantité ; si vous avez la moindre disposition au vomissement, et si votre estomac est rempli de quelque matière, vous vomirez d'abord ; surtout si, avec le doigt ou quelqu'autre chose, vous vous chatouillez le gosier ; bien des gens en Angleterre n'ont d'autre remède de précaution, et ce n'est pas sans raison.

4° Dirait-on que l'eau est sudorifique? Elle l'est pourtant, et même un excellent sudorifique, principalement lorsqu'on la boit froide, et en grande quantité, jusqu'à deux pintes ou davantage, étant couché dans un lit et se tenant bien couvert : car la chaleur fait que le sang se détermine vers la peau, dont les vaisseaux sont plus ouverts qu'à l'ordinaire ; l'eau suit la même direction, au lieu de se précipiter par les urines ; aussi remarque-t-on que rien n'augmente tant l'action d'un purgatif, que l'impression de l'air froid sur le corps ; car alors les vaisseaux en se contractant, déterminent les humeurs vers les intestins, qui déjà résistent moins qu'à l'ordinaire à cause de l'action du purgatif.

5° Combien de fois n'a-t-on pas aussi éprouvé que l'eau est un excellent cordial, surtout lorsqu'elle est froide? Dans les faiblesses, par l'irritation que sa fraîcheur cause dans les solides, elle fait revenir presque sur-le-champ, et elle répare les grands abattemens et les forces perdues. En effet, lorsqu'on vient de boire de l'eau, le pouls se ranime, s'élève et devient plus fort : elle soutient même, dans les longues abstinences. Il ne faut pas être surpris de ce dernier effet; comme la plus grande partie des esprits animaux n'est que de l'eau, il est évident qu'elle doit en augmenter la quantité; ainsi la force augmentera de même, et le sang sera poussé avec plus de rapidité, etc.

6° Que ce soit un excellent rafraîchissant, tout le monde en conviendra sans peine : comme la chaleur n'est souvent qu'une suite de la trop grande raréfaction du sang, causée par l'exaltation de la bile, et par une trop grande quantité de particules ignées qui agitent le sang, il est certain que l'eau, en se glissant dans les interstices des particules, arrêtera par son poids ou sa résistance le mouvement de la bile, et enveloppera les parties ignées. De là vient aussi que quand on se sent extrêmement échauffé, il n'y a rien qui rafraîchisse plus que l'eau froide, lorsqu'on en fait usage durant quelque temps.

7° C'est un adoucissant des plus grands : en elle-même elle n'a pas la moindre âcreté, puisqu'elle est insipide et sans goût ; elle empêche l'action des sels en les écartant l'un de l'autre ; elle adoucit et diminue la trop grande tension des solides, en les humectant, et en leur donnant de la flexibilité.

8° De tous les délayans, c'est le plus puissant, ou plutôt c'est l'unique; car c'est elle qui dissout les autres substances, qui les délaie et les métamorphose pour ainsi dire en fluide. Sans l'eau, toutes les parties terrestres et grossières de notre sang ne formeraient qu'une masse solide, grossière et impropre au mouvement : le sang ne pourrait donc jamais circuler. En effet, il n'est presque pas de maladie où elle ne convienne pour délayer et faciliter la circulation.

9° Elle est stomachique, c'est-à-dire, propre dans les maladies de l'estomac, c'est ce que nous avons prouvé ci-dessus.

...... L'usage de l'eau appliquée extérieurement produit encore des effets merveilleux...... Il n'y a rien qui fortifie tant contre le froid, que les bains d'eau froide; on accoutume son corps aux injures du temps, on l'endurcit au froid, surtout lorsqu'on se baigne à la fin de l'automne : ainsi on devient beaucoup moins sujet aux rhumes, à la pleurésie, à la péripneumonie, etc., maladies qui ne viennent ordinairement que d'un froid violent ou inopiné; et comme elles n'ont pour cause que la suppression subite de la transpiration, elles attaquent ceux qui ne sont pas accoutumés à ces changemens soudains; au lieu que ceux qui y sont faits n'en ressentent aucune incommodité.....

.... Il ne me reste plus qu'à déterminer la quantité d'eau qu'on doit prendre. Je dirai donc que pour bien faire, nous devrions, à l'exemple de plusieurs nations, ne boire que de l'eau pour l'ordinaire, et qu'il est inutile d'en limiter la quantité pour les personnes qui sont en bonne santé. Cependant deux ou trois grands verres d'eau ou environ, en sortant du lit, autant une heure et demie ou deux heures après chaque repas, c'est, à mon avis, le plus excellent de tous les préservatifs contre toute sorte de maladies internes.

Le matin, elle fait dégorger toutes les glandes des premières voies, elle lave l'estomac et les intestins, entraîne les matières qui s'y sont ramassées durant la nuit, et fait couler abondamment les urines. Après le repas, elle est d'un secours infini pour achever la digestion, et donner au chyle toute la fluidité nécessaire, surtout lorsqu'on la boit deux heures après avoir mangé; parce qu'alors les alimens étant à moitié dissous, elle les pénètre sans peine, achève de les dissoudre, et les entraîne en peu de temps....... Dans les maladies, surtout lorsqu'elles sont aiguës, il est nécessaire d'en boire encore davantage. Cette quantité d'eau n'est point à craindre ; elle passe par les selles, par les urines, par les sueurs, et par la transpiration ; ce n'est même, la plupart du temps, qu'en procurant ces évacuations, qu'elle guérit ; et tout ce que j'avance ici a été observé.

Je conclus de tout ce que je viens de dire au sujet des vertus de l'eau, que c'est le plus utile, le meilleur, le plus aisé, le plus facile, et le moins désagréable de tous les remèdes. En un mot, c'est la *médecine universelle* que l'on cherche depuis si long-temps, et que l'on ne trouve point, parce qu'elle est connue de tout le monde. (Noguez, *Explication physique des effets de l'Eau.*)

Comme le sang et les liqueurs de notre corps sont dans une agitation continuelle, il s'en dissipe aussi continuellement des parties aqueuses et flegmatiques, soit par la voie de la transpiration, soit par celle des urines, ou par quelqu'autre que ce puisse être. Il est donc nécessaire de réparer cette perte par la boisson ; car, sans ce secours, les principes les plus volatiles et les plus exaltés des humeurs n'étant plus suffisamment étendus et séparés les uns des autres par des particules aqueuses, et ayant, par conséquent, trop de force et d'activité, causeraient dans les humeurs une raréfaction excessive, et communiqueraient aux parties solides une chaleur insupportable.

Pour prévenir ces inconvéniens fâcheux, qui détruiraient en peu de temps l'économie et l'arrangement des parties solides et fluides de notre corps, la nature sage et prévoyante en tout ce qu'elle fait, nous avertit de temps à autre du besoin indispensable que nous avons de boire, par un sentiment vif qu'elle excite chez nous, et qui fait naître la soif, ou le désir de la boisson........ Quand il y a bien du temps que l'on n'a bu, la masse du sang est non-seulement fort dénuée de parties aqueuses, mais elle est encore devenue plus âcre par rapport à cette perte; ainsi elle n'est plus en état de fournir aux glandes de la membrane intérieure de l'œsophage et de l'estomac, une aussi grande quantité de liqueur salivale qu'auparavant, et le peu qu'elle leur en fournit, n'étant pas autant chargé qu'il le devrait être de particules flegmatiques, a aussi plus d'âcreté qu'à l'ordinaire; d'où il s'ensuit que cette membrane doit se dessécher, et être picotée rudement; ce qui cause dans cette partie une chaleur considérable, qui ne s'éteint que par la boisson.

La soif s'augmente beaucoup dans les grandes évacuations, dans la fièvre, et dans les exercices violens, parce que le corps fait pour lors une perte excessive de parties aqueuses et flegmatiques. Les alimens salés et épicés, et ceux qui sont trop secs, produisent encore le même effet, parce qu'ils picotent fortement la membrane intérieure de l'œsophage et de l'estomac, et qu'en absorbant ses humidités, ils la dessèchent.

La soif est plus ou moins fréquente dans chaque personne, suivant les différens tempéramens : par exemple, les bilieux, dont les liqueurs sont fort âcres et fort agitées, ont plus souvent besoin que d'autres, d'une boisson humectante et rafraîchissante, qui calme le mouvement rapide de leurs humeurs. Les personnes, au contraire, d'un tempérament flegmatique, se passent plus long-temps de boisson, parce que leurs humeurs sont naturellement assez délayées. C'est aussi pour cette raison, que les hommes qui sont d'un tempérament plus chaud que les femmes, ressentent plus souvent qu'elles les ardeurs de la soif.....

Il y a deux sortes de boissons qui sont en usage parmi nous : l'une qui est simple, purement aqueuse, et que la nature nous fournit libéralement; l'autre est factice et composée. La première est assurément la plus saine et la plus convenable à notre constitution, puisqu'elle remplit pleinement, en qualité de boisson, tous nos besoins. On peut même dire que c'est la véritable boisson.

.... La seconde espèce de boisson, qui est la factice, est composée de différentes sortes de parties propres à nourrir et à produire plusieurs autres effets. Il y en a de beaucoup d'espèces, comme le vin, la bière, le cidre, etc. *Ce n'a certainement point été en vue de la santé que toutes ces boissons ont été inventées* en premier lieu, mais pour satisfaire à la délicatesse du goût, qui commençait à se lasser d'une liqueur qui lui paraissait insipide ; et l'on s'est par conséquent bien moins attaché à rendre ces boissons salutaires, qu'à faire en sorte qu'elles fussent agréables. Ce n'est pourtant pas que je veuille en condamner l'usage : elles ne laissent pas d'avoir leur utilité, pourvu qu'on n'en abuse point : par exemple, les liqueurs qui ont fermenté, raniment le sang et les esprits, et produisent plusieurs autres avantages... Mais on pourrait dire ici que toutes les boissons factices n'ont pas toujours le véritable caractère d'une bonne boisson, qui est de désaltérer, de rafraîchir et d'humecter, puisque bien souvent elles excitent elles-mêmes la soif, et qu'elles échauffent beaucoup. Telles sont les liqueurs ardentes et spiritueuses, dont on voit tous les jours des effets si pernicieux par l'usage immodéré qu'on en fait.

Pline, en faisant réflexion sur le nombre presqu'infini des différentes boissons qui ont été inventées, ne peut s'empêcher de se récrier sur le ridicule des hommes qui se donnent bien de la peine à préparer toutes ces boissons, tandis que la nature leur en fournit une qui est de toutes la plus salutaire, et qui suffit pour les animaux du monde les plus forts et les plus vigoureux........

L'eau diffère beaucoup, suivant les lieux différens où elle a passé, et où elle a été différemment altérée. On peut dire, en général, que l'eau la plus convenable pour la santé, est celle qui est légère, qui est claire, pure et limpide : qui n'a ni couleur, ni odeur, ni saveur ; qui s'échauffe et qui se rafraîchit très-vite, et dans laquelle les herbes et les légumes se cuisent facilement et promptement. L'eau qui a toutes ces bonnes qualités se distribue et circule sans charger les viscères.

L'eau rafraîchit et humecte beaucoup. Elle aide à la digestion, étant prise en une quantité médiocre ; elle éteint la soif ; elle emporte et lave les matières impures et grossières qui étaient attachées aux parties solides ; elle sert de véhicule aux alimens solides ; elle se charge des sels grossiers et tartreux qu'elle trouve à son passage ; et elle sort avec eux ou par les sueurs ou par d'autres voies. Enfin l'eau produit chez nous des effets si salutaires, qu'il nous est absolument impossible de nous en passer.

L'eau peut produire de mauvais effets, ou par sa quantité excessive, ou par sa qualité. En effet, l'eau prise en trop grande quantité, accable et débilite les viscères, principalement si c'est à jeun, parce qu'elle agit pour lors immédiatement sur les parties solides. De plus elle peut causer par le même moyen l'hydropisie, et beaucoup d'autres incommodités. La qualité de l'eau est aussi bien souvent pernicieuse : car si elle est trop froide, elle pourra congeler les liqueurs du corps, et arrêter leur cours. Enfin, suivant les différentes altérations qu'elle aura subies dans les terres où elle aura passé, et suivant les principes différens dont elle se sera chargée dans ces mêmes terres, elle pourra altérer différemment les humeurs, et causer plusieurs sortes des maladies...

L'eau convient en tout temps, à toute sorte d'âge et de tempérament, cependant en plus grande quantité aux bilieux et aux mélancoliques, qu'aux flegmatiques et aux sanguins.

L'eau est une liqueur dont nous faisons peu de cas, parce qu'elle est très-commune. Mais si nous considérions les grands avantages qu'elle produit, nous l'estimerions beaucoup plus qu'une infinité d'autres choses qui, quoique plus rares et plus précieuses, ne lui sont point comparables pour l'utilité........

L'eau de rivière est, à ce qui me paraît, la meilleure et la plus saine de toutes les eaux, parce qu'elle est dans un mouvement continuel, et qu'elle est échauffée et corrigée par le soleil, qui agit dessus avec plus de force et de liberté que sur aucune autre eau. A la vérité, elle n'est pas toujours si claire que l'eau de fontaine; mais en la laissant reposer, elle se purifie. De plus, on doit choisir l'eau de rivière qui soit éloignée des grandes villes : car celle qui passe par ces endroits, est ordinairement chargée de toutes les immondices du lieu. L'eau de la Seine contient un peu de sel qui la rend laxative et émolliente. Les provinciaux nouvellement arrivés à Paris, s'aperçoivent assez de cet effet; car ils paient ordinairement le tribut à cette eau, par un flux de ventre qu'ils acquièrent pour en avoir bu.

J'ai pesé l'eau de la Seine, dans un

aréomètre très-exact, inventé par M. Homberg, de l'académie royale des sciences; elle m'y a paru aussi légère qu'aucune eau de fontaine, quelque claire et limpide qu'elle fût. (Louis Lemery, docteur-régent de la Faculté de Médecine de Paris, etc., *Traité des Alimens.*)

.... La santé ne peut mieux se conserver, que par l'humectation et la boisson abondante, surtout si elle est d'eau... C'est dans la souplesse des parties, et dans l'humectation que consiste la santé... (Hecquet, *Explication physique et mécanique des effets de la boisson dans la cure des maladies.*)

De toutes les boissons, la meilleure c'est celle que la nature nous offre, je veux dire l'eau, pure et claire. Il faut prendre garde qu'elle ne soit point trouble, bourbeuse ou croupissante, ni chargée des ordures des égoûts et des cloaques de la ville. L'eau de rivière est à préférer, telle que celle de la Seine, avant qu'elle soit entrée dans Paris, et qu'elle soit chargée d'immondices. Elle est bonne non-seulement pour apaiser parfaitement la soif, mais encore pour faciliter la digestion des alimens. Elle rend le chyle doux et fluide, elle le tempère, elle en corrige l'âcreté et donne au sang et aux autres humeurs le degré de fluidité qu'elles doivent avoir : elle amollit et donne de la flexibilité aux parties solides; si elles sont trop raides, elle les rend souples; et s'il y a quelque âcreté dans les humeurs, elle la corrige, et tempère leur trop grande chaleur. On doit donc s'en servir comme d'un bon *préservatif* en temps de peste.....

On doit absolument condamner et bannir toutes les liqueurs spiritueuses qu'on prépare avec l'esprit-de-vin et les autres liqueurs ardentes : elles endurcissent les fibres des parties solides du corps, elles les froncent et les contractent; elles épaississent toutes les humeurs; elles les coagulent..... La bière et le cidre ne sont pas si nuisibles que le vin; mais l'eau est infiniment plus saine. La bière épaissit les humeurs et cause des obstructions, et le cidre fermente dans les entrailles; il engendre des vents et produit une grande quantité d'humeurs crues et indigestes....

Comme la santé et la vie dépendent principalement de la circulation continuelle du sang et des autres sucs à travers les différens conduits de notre corps, même à travers les plus petits, tout ce qui peut donc rendre et conserver le sang fluide, est ce qu'il y a de plus propre pour conserver la vie et la santé. C'est ce que l'eau fait très-bien par sa liquidité, et par le moyen des parties aériennes et éthérées qu'elle porte dans le sang..... *Les buveurs d'eau se portent beaucoup mieux et vivent plus long-temps que ceux qui boivent du vin et des liqueurs fermentées. Ils mangent beaucoup plus.* Car l'eau qui pénètre tous les pores est une liqueur très-propre pour dissoudre les alimens, pour former le chyle, le sang, et pour transmettre le suc nourricier dans toutes les parties du corps. Elle déterge très-bien la muscosité visqueuse et tenace qui couvre les membranes glanduleuses du ventricule et des intestins. Elle occasione, par ce moyen, l'épanchement d'une plus grande quantité de salive estomacale et intestinale, dont l'appétit et la digestion dépendent. C'est par toutes ces raisons que les buveurs d'eau ont ordinairement plus de santé et plus de force. Prenez bien garde de ne pas vous laisser tromper par l'exemple des crocheteurs et des gens de travail à qui l'usage continuel du vin et des liqueurs spiritueuses semble donner des forces, pour supporter des travaux extrêmement rudes : s'ils ont de la force, ce n'est pas parce qu'ils boivent du vin ; au contraire, ils ne digèrent le vin, ils n'en soutiennent l'usage que parce qu'ils ont de la force. De là vient qu'il arrive très-souvent, que le vin, au lieu de leur donner des forces comme ils s'imaginent, les affaiblit en très-peu de temps. On en voit peu, quoique très-vigoureux, de ceux qui boivent du vin et qui en font des excès, parvenir à un âge avancé : le plus souvent c'est leur propre force qui les perd, et une mort prématurée les enlève ; ou bien ils vivent dans les souffrances, accablés de gouttes, de gravelles, d'enflures et d'autres infirmités.

L'usage de l'eau pour boisson ordinaire, n'est pas moins utile pour l'esprit que pour le corps : un buveur d'eau se possède toujours ; son esprit moins sujet aux passions fait bien mieux ses fonctions ; l'ardeur, l'effervescence, l'âcreté des humeurs, la trop grande tension, la trop grande sensibilité et l'éréthisme des filets nerveux, excitent des tumultes dans l'esprit ; mais le calme du corps est bientôt suivi de la tranquillité de l'esprit. Que les sucs soient doux, fluides, bien purs, sans superfluités nuisibles, alors les fibres nerveuses ne seront point irritées, et l'on n'aura aucune sensation fâcheuse. Si tout d'un coup l'esprit frappé de quelque pensée, met en mouvement et en contraction les filets nerveux, ces mouvemens seront bientôt apaisés, et les oscillations des filets nerveux deviendront douces et réglées, comme auparavant, à cause que l'usage fréquent de l'eau rend ces fibres molles et flexibles. Il faut donc avoir soin de boire de l'eau, si l'on veut joindre à un corps bien sain un esprit sain et tranquille.

L'eau mérite non-seulement le nom de *préservatif*, mais encore un titre plus grand. On peut la regarder comme un *remède universel*, propre pour toutes les maladies en général, spécifique pour chacune en particulier, facile à touver et à préparer. Elle n'a d'autre défaut que celui d'être trop commune, trop connue, et par conséquent trop peu prisée.

Comme la santé dépend de la flexibilité des fibres, et de l'égalité de leurs oscillations, de la fluidité, de la subtilité, et de la douceur des humeurs ; ainsi toutes les maladies ne dépendront que de la raideur, de la tension, de l'irritation, du frémissement et de l'éréthisme des fibres, de la viscosité, de l'épaississement, et de l'âcreté des humeurs. Les causes qui troublent l'oscillation des fibres, sont internes ou externes. Les internes viennent ou de l'âme, comme les passions, ou du corps, comme les sucs trop épais et embarrassés dans les vaisseaux capillaires, qui distendent trop les fibres, ou les sucs trop âcres qui leur causent de trop grandes irritations. On doit mettre parmi les causes externes tout ce qui peut affecter le corps, comme l'air, le froid, la chaleur, un coup, les alimens, les poisons, etc. Cependant, soit que la tension et l'irritation des fibres dépendent de l'âcreté, du séjour, ou de l'abondance des humeurs, soit que le vice des humeurs dépende des fibres, il faut toujours avoir recours à l'eau: elle relâchera les fibres qui seront trop tendues; elle délaiera les sucs épais et embarrassés; elle adoucira leur âcreté; elle calmera leur effervescence; elle lèvera les obstructions; elle se chargera des parties terrestres, salines, et sulfureuses; elle les entraînera avec elle, et les fera sortir des voies par les émonctoires convenables ; elle rétablira les fonctions, et guérira une infinité de maladies........

On sait par expérience que dans les maladies *chroniques*, qui viennent toutes des obstructions des viscères, il n'y a pas de meilleur remède que l'eau.... D'où viennent tant de miracles que les eaux minérales opèrent dans ces maladies ? N'est-ce pas à l'eau qu'ils sont dus principalement, à l'eau qui rétablit la fluidité des humeurs auparavant trop épaisses, et qui donne de la mollesse et de la flexibilité aux fibres ?........

Dans les maladies *aiguës* et les fièvres ardentes, qui dépendent d'une bile extrêmement âcre et brûlante, épanchée dans le sang, et bouillonnant dans les vaisseaux, et dans lesquelles tout le genre nerveux souffre des contractions très-violentes, les malades demandent avec empressement à boire beaucoup d'eau, par le soulagement prompt qu'ils en reçoivent; et les médecins leur ordonnent d'en boire, la regardant comme un remède excellent. C'est d'elle que dépendent les principaux effets des tisanes, des apozèmes, des sucs d'herbes, des bouillons altérans, des émulsions, etc. . . . .

Il n'est pas à propos de quitter tout d'un coup un mauvais régime de vivre, auquel on est accoutumé, pour en suivre un qui soit meilleur; parce qu'il n'y a point de changement subit qui ne soit dangereux. *Souvenez-vous de préférer l'eau à toute autre boisson. Buvez-en quelques verres le matin, toute chaude ou tiède*, comme vous voudrez. *Elle verse, pour ainsi dire, la santé dans le corps;* elle délaie les restes de la digestion du jour précédent; elle lâche le ventre, fait uriner, nettoie les reins, et conserve la fluidité du sang et des autres humeurs, rend la bile plus douce, aiguise l'appétit : la digestion des alimens s'en fait ensuite beaucoup mieux ; les viscères font leurs fonctions sans trouble, sans ardeur ; le corps devient plus dispos et plus agile pour le travail ; les opérations de l'âme se font avec plus de netteté et d'une manière plus parfaite ; enfin, l'eau éloigne tout ce qui peut causer et occasioner la corruption pestilentielle. Servez-vous à vos repas pour boisson ordinaire, de l'eau froide, tiède ou chaude, selon l'habitude et les saisons ; c'est le meilleur véhicule pour la distribution des alimens........ Il ne convient pas en ce pays-ci de l'ordonner à la glace, si ce n'est à ceux qui y sont accoutumés, ou aux gens bilieux qui sont sujets à de grandes chaleurs d'entrailles. Gardez-vous bien de regarder ou de vanter le vin comme un antidote contre la peste : c'est un délicieux poison, qui trompe par des charmes séduisans ceux qui en boivent ; il remplit le corps de particules actives et brûlantes qui y portent l'ardeur et le feu; il irrite et endurcit les nerfs ; il augmente prodigieusement la force des oscillations des fibres; il les trouble souvent; il épaissit le sang ; il forme des obstructions qui sont la cause des maladies chroniques; il produit ou allume la bile qui est la cause des maladies aiguës; il occasione des tremblemens dans les membres; il charge de pierres ou de graviers les reins et la vessie; il porte des fumées à la tête, qui offusquent le siége de l'âme, et qui en troublent et dérangent les opérations...... Si l'on est accoutumé à boire du vin, il faut au moins le boire trempé de beaucoup d'eau : on en modérera les fâcheux effets par ce moyen. On doit renoncer aux liqueurs ardentes et spiritueuses qu'on tire du vin ou des liqueurs fermentées ; ce sont des feux liquides qui irritent vivement la langue et le palais d'une manière gracieuse ; mais ce plaisir est bientôt payé d'une infinité de maux plus grands. Il ne faut pas rejeter les boissons où entrent les sucs de limon et d'orange ; il ne faut pas non plus en user indiscrètement, car les acides apaisent l'effervescence du sang et de la bile, corrigent l'âcreté des alkalis, dissolvent ou précipitent les coagulations sulfureuses formées par des sels âcres, et ils conviennent principalement aux gens bilieux ; mais *ils sont ennemis* des nerfs, et *sont nuisibles* à ceux qui sont sujets à la toux, aux faiblesses d'estomac, à la colique, aux maladies des reins et de la vessie et à quelques maladies de la poitrine ou des poumons. Ayez une maison qui soit en belle exposition, bien percée, et qu'on ait soin d'en ouvrir les fenêtres le matin au lever du soleil, et d'y faire de bon feu pour chasser l'humidité de l'air..... L'eau conviendra à tout le monde, et en tout temps...... (Geoffroy, docteur-régent de la Faculté de Médecine de Paris, etc. *An aqua, sæviente peste eximium prophylacticum?* C'est-à-dire, *si l'eau est un excellent préservatif en temps de peste?* Thèse soutenue à l'école de médecine de Paris, en 1721.)

L'eau est la boisson la plus commune et la plus salutaire. Les buveurs d'eau jouissent plus communément d'une bonne santé que ceux qui boivent du vin; ils sont moins sujets à la *goutte*, aux *rougeurs des yeux*, aux *tremblemens des membres*, etc.

L'eau est le meilleur dissolvant des alimens....... On boit l'eau froide ou tiède; dans le premier état, elle remplit mieux les vues de la nature; elle apaise la soif et ranime l'estomac...... On se sert quelquefois de l'eau froide jetée avec force sur le visage, pour arrêter les évanouissemens ; elle produit aussi quelquefois le même effet dans les hémorragies, par le resserrement subit qu'elle occasione dans les vaisseaux..... Les bains chauds ou tièdes font un effet opposé à ceux qui sont froids ; ils relâchent les fibres du corps, donnent de la souplesse à la peau ; favorisent la transpiration, et attirent les humeurs à la circonférence du corps..... Aussi est-ce un moyen sûr pour extraire toutes les impuretés du corps. Les bains chauds conviennent dans les tempéramens vifs, bilieux, et dans les personnes robustes qui ont la fibre dure et les vaisseaux vigoureux. On fait usage des bains chauds dans le cas où l'on veut faire passer de l'humide dans le sang, et donner de la flexibilité à toutes les parties du corps... (L***, ancien médecin des armées du Roi, et de B***, médecin des hôpitaux; *Dictionnaire portatif de Santé*, etc., 1759.)

.... Lorsque, dans l'été, on se trouve quelquefois le corps échauffé, il est très-utile de prendre de grand matin de l'eau froide.........

.... On fait aussi prendre en petite quantité l'eau chaude, en guise de café, et à la dose de deux ou trois tasses le matin à jeun. On peut encore en prendre une ou deux tasses le soir après la digestion : vous pouvez même la donner le matin après qu'on a mangé, au cas que la personne qui en use se trouvât incommodée en la prenant à jeun. Cette eau, ainsi prise, est bonne pour les maladies du genre nerveux, telles que sont les convulsions accompagnées de grandes douleurs, et le dessèchement des nerfs; de même que dans les maladies de la poitrine, comme dans le catarre qui tombe sur cette partie: elle est aussi de quelque secours dans l'asthme, et elle soulage dans les maux de tête, surtout si, après avoir pris cette eau, on s'excite à vomir.

Il est de certains échauffemens et dessèchemens de parties, qui attaquent la poitrine, et qui ne sont pas bien connus de toutes sortes de médecins. Ces mêmes maux attaquent encore les viscères du bas-ventre. S'ils se font ressentir dans la poitrine, ils occasionent une difficulté de respirer, une oppression de cœur, et souvent un certain changement de voix. S'ils attaquent les viscères du bas-ventre, ils produisent la maladie hypocondriaque. Ces dessèchemens veinnent ordinairement des fortes passions de l'âme qui causent la dissipation des esprits animaux et de l'humide radical: un vin fumeux bu en grande quantilé, l'usage immodéré de l'eau-de-vie, et de toutes les autres choses qui échauffent trop notre sang, peuvent aussi produire ces dessèchemens. C'est pourquoi l'eau chaude, prise dans la forme prescrite, est très-convenable dans ces indispositions, si le mal est dans la poitrine; mais s'il est dans les viscères du bas-ventre, l'eau froide prise de la manière qu'on a dit, convient beaucoup mieux. (Extrait et traduit d'un ouvrage italien intitulé : *Ragionamenti intorno alla nuova medicina dell' acqua*, etc. *Opera di Niccolo Crescenzo, medico napolitano.*)

L'eau est le premier dissolvant; c'est par cette vertu qu'elle fond les sels du sang, qui, sans elle, ne pourraient pas circuler; c'est elle qui fournit tous les fluides du corps; enfin, c'est elle qui est la base des alimens, comme elle en est le véhicule.

L'eau rafraîchit, humecte, aide à la digestion ; elle lave, dissout les matières grossières attachées aux parties solides, et emporte avec elle les sels tartreux qu'elle rencontre sur son passage.

L'eau convient à toutes sortes d'âges et de tempéramens ; cependant elle est plus nécessaire, et en plus grande quantité, aux bilieux et aux sanguins, qu'aux mélancoliques et aux flegmatiques........ Rien de plus important pour la santé, que de boire de l'eau saine.

.... Au printemps et en été, il faut boire un peu plus que dans l'hiver, et tremper davantage son vin, parce que la transpiration devenant plus considérable, le sang se trouverait bientôt desséché et appauvri........ Les liqueurs rafraîchissantes, telles que l'orgeat, la limonade, les sirops de limon, de verjus, de groseilles, etc., sont pernicieuses aux estomacs lents et froids, aux flegmatiques et aux mélancoliques........ En général, les glaces rafraîchissent d'abord les parties du corps par où elles passent ; mais ensuite elles échauffent et fortifient l'estomac. Qu'on ne s'étonne pas d'entendre dire que les glaces échauffent : les liqueurs ne se congèlent qu'à force de sel ou d'acide nitreux, parce que leurs pointes bouchant les interstices, en arrêtent la fluidité : or, le sel et l'acide nitreux échauffent ; l'expérience seule le démontre. Prenez en hiver de la neige, et frottez-vous-en les mains ; un instant après vous y sentirez une chaleur qui ira jusqu'à la cuisson........ Buvez plus d'eau que de vin, et, par ce moyen facile, vous laverez votre sang, vous le diviserez et vous lui rendrez sa fluidité naturelle. (Armand-Pierre Jacquin, *de la Santé.*)

Après l'air, il n'est rien dont on fasse

en général plus d'usage que de l'eau : elle nous est presque également nécessaire pour vivre; aussi la mauvaise eau est après l'air la cause la plus fréquente des maladies, et surtout de celles qui sont communes à plusieurs personnes....

On ne doit trouver dans l'eau ni goût, ni odeur, ni couleur sensible...... Elle doit être légère, transparente, sans couleur, sans odeur, sans saveur, s'échauffer et bouillir facilement, s'évaporer fort vite, se refroidir de même, faire lever la pâte, fondre en peu de temps le savon, cuire vite les légumes, apaiser la soif, passer promptement par les voies de l'urine, ne pas déposer, faire de bon pain, être propre aux infusions et aux décoctions, en dissolvant et se chargeant des principes des plantes, et les conservant sans altérer leurs qualités : elle doit aussi être propre à la végétation et au blanchîment du linge.

.... L'eau de la neige ou de la grêle fondues est regardée depuis long-temps comme la cause des goîtres des habitans des montagnes; leur froid occasione la colique; les sels qui y entrent la rendent pesante, dure.

Ces eaux causent des maux de poitrine, toux, catarres, affectent le genre nerveux, refroidissent trop l'estomac, l'irritent par leur sel nitreux ou autre. On peut prévenir ces effets en faisant bouillir les eaux glacées, seules ou avec quelques plantes aromatiques ou savonneuses........ (Lebègue de Presle, docteur-régent de la Faculté de Médecine de Paris, etc., *le Conservateur de la santé*, ou *Avis sur les dangers qu'il importe à chacun d'éviter pour se conserver en bonne santé, et prolonger sa vie.*)

L'eau est la boisson la plus conve-

nable pour entretenir la santé des corps. Toutes les autres boissons sont altérantes; tandis que celle-ci est nourrissante et possède mille vertus dont une seule suffit pour faire son éloge. Si cet élément maintient les corps dans leur état naturel, il maintient aussi l'âme dans son assiette ordinaire. L'esprit, alors libre et tranquille, ne s'élève pas au-dessus de sa sphère, et juge sainement des choses. C'est ce calme et cette prudence de l'esprit, qui fait qu'on a regardé, jusqu'à présent, les buveurs d'eau comme peu disposés au génie, c'est-à-dire, à ces émotions secrètes qui font sentir toute l'activité d'un être pensant, et à ces troubles qui forment l'enthousiasme. Aussi voit-on presque tous les buveurs d'eau paisibles...... (Lecamus, docteur-régent de la Faculté de Médecine de Paris, etc., *Médecine de l'esprit*, tome 1er, page 484, 1769.)

On fait dans le traitement des fièvres, le plus grand usage des *délayans* et des *tempérans*, dans la vue de modérer la chaleur du sang, de donner de la fluidité aux humeurs et de la souplesse aux organes ; comme aussi de favoriser les sécrétions ; et leurs bons effets paraissent assez justifier les éloges qu'on leur a donnés. Mais on doit remarquer que l'eau commune peut procurer plus sûrement ces avantages que les tisanes, les juleps, les émulsions, les apozèmes, et autres boissons qu'on prodigue aux malades, qui tirent leur principale vertu de l'eau qui y entre........ Le tremblement qui vient de la débauche des femmes, du vin, etc., ne demande que des *délayans*, des *adoucissans* et des *tempérans*. (Joseph Lieutaud, médecin des Enfans de France, etc., *Précis de la médecine-pratique, contenant l'histoire des maladies, et la manière de les trai-*

ter, avec des observations et remarques critiques sur les points les plus intéressans. 3me édit. 1769.)

Si ceux qui ne boivent que de l'eau sont plus amoureux et s'ils vivent plus que les autres.

.... COMME dans une grande sécheresse les plantes meurent faute de pluie, ainsi nous cesserions bientôt de vivre, si nous ne nous servions de quelque breuvage, qui, favorisant nos coctions, réparât incessamment les parties humides qui s'évaporent tous les jours en nous-mêmes....... Nous avons presque tous, tant que nous sommes, les entrailles échauffées, la tête faible, le sang trop chaud; et nous sommes sujets principalement en cette ville, à des fluxions importunes. Ce siècle est rempli de bilieux et de mélancoliques par l'excès d'une bile brûlée. Les maladies aiguës sont toujours ordinairement accompagnées d'une chaleur insupportable, et ce serait alors faire une grande faute que d'user du vin, puisqu'il ne convient pas même aux personnes saines, à moins qu'il ne soit bien trempé. L'eau, au contraire, apaise d'abord la fureur des fièvres; elle tempère les entrailles qui en sont incommodées, et guérit presque elle seule les grands maux, qui souvent ne peuvent être combattus sans son secours.

L'eau est un élément le plus beau et le plus nécessaire de tous... Nous ne saurions vivre sans en avoir. La nature même, pour le répéter, l'a estimée si nécessaire aux hommes, qu'elle en a mis partout où l'on peut se trouver......

La meilleure de toutes les eaux, est celle qui est froide, claire, pure, légère et sans saveur ; ce que l'on peut appeler douceur dans l'eau, qui s'échauffe en peu de temps, et qui se refroidit de même : enfin, pour être bonne, elle doit être sans odeur, elle doit plaire à la langue et au palais, et être agréable à la vue. Ce sont des marques assurées qu'elle passera bientôt par les urines, et qu'elle ne chargera pas l'estomac après l'avoir bue. Celle qui sort de la crevasse d'un rocher exposé au soleil levant, aura toutes ces bonnes qualités ; mais l'on doit bien prendre garde de ne s'y pas tromper, comme fit autrefois l'armée du prince César Germanicus aux côtes de Frise, où elle but de l'eau d'une fontaine minérale qui la rendit en peu de temps presque toute scorbutique.

L'eau de *fontaine*, de *puits*, de *citerne* ou de *rivière*, est très-excellente à boire, pourvu qu'elle ait les qualités que nous venons de dire. Il faut que la *fontaine* soit fort nette, le *puits* découvert, la *citerne* garnie de gros sablons, ou de petits cailloux, et que la *rivière* n'ait point de boue dans son lit.

L'eau de quelqu'une de ces espèces, étanche merveilleusement la soif, répare l'humeur radicale, en empêche la dissipation, et tempère la chaleur des hommes de quelque âge et de quelque région qu'ils puissent être. Elle sert à toutes les coctions qui se font dans notre corps; elle distribue l'aliment qui nourrit nos parties; elle apaise puissamment les ardeurs de la colère et de la bile, que le vin excite d'une manière extraordinaire. C'est l'usage de l'eau qui fit autrefois nommer sages les rois de Perse, qui faisaient porter partout où ils allaient, de l'eau du fleuve d'Eulée ou de Choaspe. En effet, l'eau nous cause de grands biens; elle nous humecte et nous donne une liberté de ventre ; elle empêche que les vapeurs chaudes et bilieuses ne nous fassent mal à la tête ; elle nous fait dormir avec beaucoup de plaisir et de tranquillité, et les fluxions n'en sont jamais excitées comme par le vin.

Après tout, si nous considérons les bons effets que produit l'eau dans ceux qui en usent ordinairement, nous verrons qu'*elle rend la couleur plus agréable*, *l'haleine plus douce* et *les sens plus vifs* ; qu'*elle répare les forces*, et qu'enfin *elle fait vivre plus doucement*. En effet, Samson n'eût jamais été si fort, si sa boisson ordinaire eût été autre chose que de l'eau.

Le vin, au contraire, émousse la pointe des sens, augmente les douleurs de tête, et fomente la chaleur des entrailles qui est souvent excessive ; il brouille l'imagination, il efface la mémoire et trouble la raison; il corrompt les humeurs, et souvent il cause par son excès la stérilité des femmes, ou du moins des maladies incurables aux enfans qui naissent des parens débauchés.

Qu'on ne me dise donc pas que le vin réveille l'âme, et qu'il excite l'esprit, car je répondrai que cette vigueur artificielle ne dure pas long-temps quand on en use avec excès. Il est comme de la chaux vive que l'on jette au pied d'un arbre, qui rend, à la vérité, son fruit et plus coloré et plus tôt mûr, mais qui tue l'arbre bientôt après.

Qu'on ne me dise pas encore, pour mépriser l'eau, qu'elle ne convient ni aux sains ni aux malades; et qu'Hippocrate et Galien se servaient de vin pour guérir la plupart des maladies aiguës : car si l'on examine de bien près ce que ces deux médecins en rapportent, l'on verra aussitôt que la boisson qu'ils donnaient quelquefois à leurs malades était plutôt de l'eau que du vin, puisqu'ils ne mêlaient cette liqueur parmi l'eau que pour en ôter la crudité. Je pourrais rapporter ici, pour faire valoir l'eau, ce que ce dernier médecin a laissé par écrit, qu'il n'a jamais vu personne attaqué de fièvre ardente, qu'il n'ait guéri, après lui avoir donné abondamment de l'eau fraîche à boire.

Mais ce ne serait pas encore assez pour l'éloge de l'eau, que d'avoir rapporté ce que nous avons dit ci-dessus, si la semence dont nous sommes formés ne lui était semblable ; si nous ne nagions parmi les eaux dans le ventre de nos mères, et si notre cœur même n'en était incessamment arrosé.

La nature, qui est l'ouvrière de toutes choses, nous veut sans doute marquer par-là que comme l'eau est ce qui nous donne l'être et nous le conserve ensuite dans les eaux de nos mêres, elle doit aussi être la principale chose qui nous fasse vivre, lorsque nous en sommes sortis, puisqu'elle nous sert de principe pour perpétuer notre espèce.

Vénus, qui n'est autre chose que la passion de l'amour, nous fait concevoir que l'eau est une excellente chose, et qu'on la doit préférer à toutes les liqueurs, puisqu'elle en a voulu tirer son origine. Avant le déluge, les hommes ne buvaient que de l'eau, et l'on sait quel âge ils vivaient alors, puisqu'il s'en est vu qui ont atteint les huit et neuf cents ans. Et présentement même il y a plus des trois quarts des hommes qui ne se servent que de cette boisson, parmi lesquels il y en a beaucoup qui vivent des siècles entiers. Cette façon de vivre n'est point misérable, comme quelques-uns se le persuadent, c'est un refuge assuré contre la misère, et c'est par ce moyen que de grands hommes ont vécu long-temps, qu'ils ont eu l'esprit sain et le corps robuste. Depuis que l'on a porté du vin et de l'eau-de-vie dans le Canada, les Iroquois, les Hurons et les Algonquins ne vivent pas si long-temps qu'ils faisaient auparavant. Ils sont même sujets, pendant le peu de temps qu'ils vivent, à des maladies surprenantes, qui ne viennent sans doute que de ce qu'ils ne boivent plus d'eau.

Ajoutons encore à cela que la nature a des appétits secrets pour demander ce qui est le plus propre à la vie, et parce qu'il y a dans de certaines personnes une répugnance à boire du vin, et une inclination à boire de l'eau, il faut aussi croire qu'elle leur a donné assez de chaleur pour ne pas en devoir chercher au dehors par l'usage du vin.

Ceux qui ne boivent que de l'eau ont souvent *plus de santé que les autres : ils ont la vue plus perçante*, et *l'esprit plus éclairé ; ils aiment davantage les sciences, et sont plus propres au conseil et aux grandes affaires.* Il est vrai que le vin nous donne du feu et nous fait paraître plus spirituels que nous ne le sommes ; mais, en vérité, il ne nous cause de l'éclat que dans la superficie.

L'amour des femmes fait notre tempérament, et l'expérience nous fait voir qu'il y a des hommes plus chauds et plus amoureux les uns que les autres. La chaleur est le principe de toutes choses ; elle entre dans toutes les actions de la nature, et parce que la génération en est la plus belle et la plus considérable, aussi ne s'accomplit-elle jamais sans qu'elle y soit. L'humidité y a sa bonne part, sans laquelle la chaleur ne saurait en aucune façon agir dans la production des animaux. Ce sont particulièrement ces deux principes que la nature emploie tous les jours pour engendrer toutes choses ; et j'aurais de la peine à dire lequel des deux est le plus nécessaire, si je n'apprenais de quelques philosophes et de l'expérience même, que l'eau est ce qui doit tenir le premier lieu dans la génération des animaux ; car outre tout ce que nous avons dit ci-dessus, nous savons que les pays médiocrement froids, sont beaucoup plus peuplés que ceux du midi, et qu'il se trouve plus de villes sur le rivage de la mer et sur le bord des lacs et des rivières, que dans la plaine. On n'en saurait donner de plus forte raison, sinon que les pays du septentrion et les bords des étangs, des rivières ou de la mer étant beaucoup plus humides que la plaine, ils sont aussi plus propres à la génération. Et la mér ne produit-elle pas des poissons qui multiplient bien plus que les animaux terrestres ? Nous avons l'expérience en France, que ceux qui ne vivent presque que de coquillages et de poissons, qui ne sont que de l'eau rassemblée, sont plus ardens à l'amour que les autres. En effet, nous nous y sentons bien plus portés en carème qu'en toute autre saison, parce qu'en ce temps-là nous ne nous nourrissons que de poissons et d'herbes qui sont des alimens composés de beaucoup d'eau.

Après tout, l'illustre Tiraqueau n'eût pas engendré trente-neuf enfans légitimes, s'il n'eût été un buveur d'eau ; et les Turcs n'auraient pas aujourd'hui plusieurs femmes, si le vin ne leur était défendu ; car puisque l'eau est d'elle-même venteuse, elle cause aussi aux hommes qui en usent pour boisson, plus de chatouillemens que n'en ont ceux qui ne boivent que du vin; et je suis assuré que, pour la génération, l'humidité et les vents sont deux choses qui sont les plus nécessaires.

Il est donc évident, après tout ce que nous venons de dire, que *ceux qui ne boivent que de l'eau sont plus amoureux et qu'ils vivent plus que les autres.* (Nicolas Venette, *la Génération de l'Homme*, ou *Tableau de l'Amour conjugal, considéré dans l'état du mariage*, tome 1er, page 321 et suivantes, 1778.)

L'eau commune a ses utilités en chirurgie; tous les jours on l'emploie utilement dans les entorses, et plus elle est fraîche, alors plus elle a d'effet. (Sue le jeune, ancien prevôt du Collége royal de chirurgie, etc., *Dictionnaire portatif de Chirurgie*, etc.)

.... La bonne eau est de très-grande importance dans le régime. La meilleure est celle qui est la plus pure et la moins chargée de parties hétérogènes.....

...... L'eau est la boisson que la nature a donnée à toutes les nations; elle l'a faite agréable pour tous les palais ; elle a la vertu de dissoudre, non-seulement tous les alimens , mais même presque tous les corps. Les Grecs et les Romains la regardaient comme une *panacée* universelle. Elle est en effet un très-grand *remède* , toutes les fois qu'il y a beaucoup de sécheresse , quand on est incommodé par les aigreurs, et quand la bile a acquis trop d'âcreté.

C'est une excellente pratique que de prendre tous les matins, au sortir de son lit, un ou plusieurs verres d'eau froide, dans quelque temps de l'année que ce soit. Cette eau , en qualité de puissant dissolvant, achève de dissoudre les restes des alimens, que le peu d'action de la nuit n'a pas permis à l'estomac de bien digérer. Elle les entraîne, elle nettoie parfaitement ce viscère de toutes ses impuretés ; et en qualité de fortifiant, elle corrobore les fibres de l'estomac : elle est, par rapport à ce viscère, ce que le bain froid est par rapport au corps....... Tout le monde connaît la méthode ordinaire de rendre l'eau claire en la filtrant, et de l'adoucir, en l'exposant au soleil et à l'air....... Nous conseillerons d'éviter, en général, de se servir des eaux qui ont séjourné long-temps dans de petits lacs, dans des étangs, etc. ..... Les hommes qui n'ont jamais bu de liqueurs fermentées, sont non-seulement capables des plus grandes fatigues, mais encore ils vivent plus long-temps que ceux qui en font usage........ La boisson journalière des gens de lettres, doit être l'eau pure...... Le vin ne doit être pour eux qu'un remède, et c'en est un excellent dans le cas de relâchement, de faiblesse et d'abattement. *Les personnes qui ne boivent que de l'eau ont en général l'esprit plus net, la mémoire plus ferme, les sens plus exquis.* Nous en avons des exemples dans Démosthène, dans Loke, dans l'illustre de Haller, etc., qui n'ont jamais bu que de l'eau.

Les boissons les plus convenables aux personnes qui sont attaquées de la gravelle ou de la pierre sont, le petit lait, le lait de beurre, le lait et l'eau mêlés ensemble, l'eau d'orge, les décoctions de racine de guimauve, de persil, de réglisse, ou de toute autre substance mucilagineuse douce, comme la graine de lin, etc.... Les personnes qui ont la fièvre scarlatine-bénigne, doivent prendre abondamment de boissons rafraîchissantes et délayantes...... Il faut prescrire à ceux qui sont attaqués de l'érysipèle, les boissons de tisane d'orge, de

fleurs de sureau, ou de petit lait.......
L'eau facilite extrêmement les digestions, elle fortifie, elle entretient toutes les évacuations; elle prévient tous les engorgemens, elle rend le sommeil plus tranquille, la tête plus nette et la gaîté plus constante.....

Qu'y a-t-il au monde qui paraisse aussi propre à diminuer la chaleur, à atténuer les humeurs, à détruire les spasmes et les obstructions, à favoriser la transpiration, à exciter les urines, enfin à produire tous les effets salutaires dans une fièvre aiguë, ardente et inflammatoire, qu'une boisson abondante d'eau chaude, d'eau de gruau? La nécessité des boissons délayantes est autant indiquée par la sécheresse de la langue, par l'aridité de la peau et par la chaleur brûlante, que par la soif inextinguible du malade.

Un *lavement* à l'eau simple, pris tous les matins, pendant une couple de mois, est avantageux, non-seulement pour le temps où on le prend, mais encore pour la suite, parce qu'il peut rappeler la nature à l'*évacuation* habituelle des selles. Si la *constipation* résiste à ces lavemens simples, on peut les aiguiser dans les commencemens, en y ajoutant un peu de beurre frais; mais dès qu'on a évacué, il faut les reprendre à l'eau simple.

La boisson la plus convenable après une débauche, est de l'eau dans laquelle on met une croûte de pain rôti........ (Guillaume Buchan, médecin d'Édimbourg, *Médecine domestique*, ou *Traité complet des moyens de se conserver en santé, de guérir et de prévenir les maladies, par le régime et les remèdes simples*, etc., traduit de l'anglais, par

J.-D. Duplanil, docteur en médecine de la Faculté de Montpellier, etc.)

Avantages de l'eau dans l'éducation physique des enfans.

Nous voyons dans nos climats que les enfans à qui on donne du vin, du café, des liqueurs spiritueuses, croissent infiniment moins bien, moins vite que ceux qui n'ont fait usage que de l'eau pure. Ne craignons pas de le dire : c'est une inattention perfide dont je ne doute pas que beaucoup d'enfans n'aient été les victimes. Nous voyons, au contraire, que ceux à qui on a évité de donner aucune boisson spiritueuse et fermentée, qui n'ont pas connu les alimens de haut goût, chez qui une eau pure et limpide a tenu lieu de toute autre boisson, ont reçu de la nature un développement heureux et facile de tous leurs organes, une souplesse dans leurs mouvemens, une homogénéité dans leurs fluides, qui non-seulement les rendent très-favorables à leur accroissement, mais encore leur sauvent une infinité de maux qui sont les suites nécessaires d'une rigidité prématurée dans les fibres, et des particules âcres qui sont communiquées insensiblement aux humeurs. On sait donc que ce n'est pas sans la plus haute imprudence, qu'on peut se laisser aller à un préjugé homicide que reprouve la nature.

Mélange de l'eau avec le vin.

L'EAU unie au vin en petite dose, c'est-à-dire, d'une cuillère sur un gobelet d'eau, peut être considérée comme les autres acides végétaux, qui étendus dans de l'eau, ont la propriété de rafraîchir et de s'opposer à l'alcalescence de la putridité des humeurs. De cette manière, elle peut procurer un très-grand avantage en santé, et même dans les maladies putrides, où les malades épuisés rejettent souvent les tisanes qu'on leur présente, surtout chez les vieillards.

J'en ai souvent fait usage avec la plus grande satisfaction, dans plusieurs épidémies ou j'ai été envoyé par ordre du gouvernement. Une circonstance particulière où le vin peut être très-utile, c'est celle où l'eau froide serait très-dangereuse, je veux dire, lorsqu'on est excédé de fatigue et de chaleur, que la transpiration et la sueur se manifestent à un très-haut degré; l'eau froide, dans ce cas, causerait une astriction intérieure très-forte, qui ferait resserrer les pores de la peau, et ceux qui exhalent également dans l'intérieur le fluide qui leur est propre; de là les pleurésies, les péripneumonies, les inflammations particulières, qu'un froid subit peut faire éclore. Il faut cependant prendre garde de ne point tomber dans un excès contraire, qui pourrait également donner lieu à de vives inflammations, si on buvait trop de vin, et qu'il fût trop généreux. Ainsi on peut, pour éviter tout inconvénient dans les circonstances dont nous parlons, boire le vin mêlé avec de l'eau, qui ne soit pas trop froide et dans des proportions égales.

Avantages particuliers de l'eau en boisson.

Les buveurs d'eau sont bien moins sujets à la goutte aux ophtalmies, aux tremblemens, aux maladies nerveuses, aux indigestions, aux pertes de sommeil, que ceux qui sont accoutumés au vin (1), au café, aux liqueurs spiritueuses. Les personnes adonnées aux sciences et aux lettres, devraient aussi en faire leur boisson favorite ; il est certain que leurs idées en seraient plus nettes, leur jugement plus sain, et leurs sens plus exquis. On aurait beaucoup moins de vents, beaucoup moins de maladies hypocondriaques et nerveuses ; beaucoup plus d'avantages pour la reproduction de l'espèce. S'il y avait dans les alimens des sels tenaces, visqueux, âcres, l'eau émousserait leur activité, les dissoudrait, les étendrait, les entraînerait par les voies urinaires, arrêterait l'effervescence du sang et

---

(1) Les anciens étaient plus modérés que nous dans l'usage du vin. Ils le buvaient communément dans la proportion appelée *diatessaron*, c'est-à-dire, trois quarts d'eau sur un quart de vin.

de la bile : enfin c'est l'eau qui fixera le juste degré qui met en équilibre les solides avec les fluides, et constitue l'état de parfaite santé.

Il serait dangereux de ne point mêler l'eau dans des proportions relatives aux alimens qu'on prend ; j'ai vu plusieurs personnes, dont on attribuait le marasme et les infirmités au défaut des boissons dont ils n'avaient pas fait usage dans leurs repas depuis long-temps. *Ceux qui donnent dans l'excès opposé délaient leurs alimens dans une trop grande proportion, et ne manquent pas d'affaiblir leur estomac.* Rien de mieux que l'habitude de boire chaque matin un grand gobelet d'eau, dans lequel on met, si l'on veut, une bonne cuillerée de sucre ; je crois cette dernière méthode infiniment avantageuse, parce qu'elle débarrasse entièrement l'estomac des résidus de la digestion.

L'eau qu'on boit en santé doit toujours être froide, autrement, au lieu d'être tonique et propre à la digestion, elle relâcherait l'estomac et en rendrait la fonction lente et difficile; il est cependant des circonstances où une extrême sensibilité dans l'organe, des nerfs trop agacés, empêchent d'y porter une eau froide dont l'action pourrait devenir irritante.

L'eau doit donc être regardée comme la boisson la plus salutaire à l'homme. Tous ceux qui en font un usage exclusif éprouvent une sensation délicieuse à étancher leur soif; leur bouche s'humecte, ils sentent intérieurement un calme heureux, qui répare ce qu'un exercice violent leur avait fait perdre par l'insensible transpiration.

En général, la grande habitude de boire de l'eau a procuré les constitutions les plus heureuses, la santé la mieux affermie.

Autres usages économiques de l'eau.

.... Les hommes et les femmes surtout, qui ont envie de veiller également à la propreté et à la salubrité, ne manquent pas chaque jour de se laver dans de l'eau froide ou tiède, selon l'habitude qu'ils en ont ; mais autant qu'il est possible, il vaut mieux se servir de l'eau froide.

De l'eau en boisson considérée médicinalement.

Voyons comment l'eau [en boisson peut tenir lieu d'un grand nombre de médicamens, ou au moins les aider dans l'action qu'ils portent sur l'économie animale.

Après avoir fait connaître que l'eau forme le véhicule de la santé, il ne sera pas moins facile de faire sentir qu'elle est l'instrument le plus propre à la rappeler lorsqu'elle est absente, et à entretenir de nouveau le ton de la chaleur humaine. Nous sommes convenus que l'eau ne nourrissait pas par elle-même, mais qu'elle préparait les alimens propres à notre corps, qu'elle les dissolvait, les rendait perméables et les distribuait à toute la machine. Si les digestions sont laborieuses, l'eau perfectionne le travail qu'elle a commencé, elle en précipite les résidus, débarrasse l'estomac et tient le ventre libre. Elle dissipe aussi très-facilement les amertumes de la bouche, les dégoûts, les nausées, les indigestions confirmées, les coliques bilieuses, les dévoiemens. Comme ces maladies sont presque toutes causées par la faiblesse des organes digestifs, on sent que le ton qui leur sera conféré par l'eau, pourra travailler efficacement à les rendre à l'état naturel. Plusieurs verres d'eau froide dissipent très-facilement le hoquet.

On sent qu'en été ces inconvéniens doivent avoir lieu plus facilement qu'en hiver, parce que la transpiration étant considérable, les humeurs perdent d'autant plus de leur fluidité : de là, la sécheresse de la langue en été; aussi désire-t-on boire beaucoup plus dans cette saison que dans toute autre.

L'eau peut être regardée comme laxative, dans les maladies aiguës et ardentes; bue en grande quantité, nous voyons que souvent elle détermine l'excrétion par les selles.

On peut la regarder comme le plus

parfait diurétique, puisque plus on en boit, plus on urine copieusement : elle entraîne avec elle les humeurs qu'elle a délayées ; elle se charge des sels, qui ne passent guère que par les voies urinaires. Ceux qui ont des glaires, des ardeurs d'urine, des maladies de vessie, ne peuvent trouver un remède plus utile.

De l'eau froide en boisson.

L'EAU froide peut être donnée avec beaucoup d'avantage dans les maladies où la nature est pour ainsi dire dans un état passif, où il y a ralentissement de circulation et de force vitale ; où la matière morbifique n'est pas très-acrimonieuse, et a son siége dans les vaisseaux séreux, lymphatiques et dans le tissu cellulaire, où les solides sont relâchés, affaiblis, les fluides séreux, sans feu, sans énergie, dans les maladies froides, qui sont es suites de ces dispositions, tels que les stagnations, les épanchemens de sérosité dans le tissu cellulaire, ou dans différentes parties du corps : elle jouit alors d'une propriété tonique en quelque sorte échauffante, qui peut rendre du ton aux solides, les électriser en quelque sorte, et communiquer par-là aux fluides l'énergie qui leur manque.

.... L'eau froide, bue à grande dose, sera aussi fort utile pour ceux qui ont des pertes de semences involontaires, suites d'un relâchement local, aux personnes du sexe qui ont des écoulemens séreux, surtout si on rend l'eau ferrugineuse.

Plusieurs auteurs prétendent que la boisson de l'eau froide en abondance, a guéri comme par enchantement des fièvres rebelles : on doit cependant éviter d'en faire suivre l'usage par les personnes délicates et faibles, qui ont quelque viscère important affecté, des inflammations, ou des obstructions. Les anciens étaient très-portés pour les boissons froides, mais il ne faut pas seulement faire attention qu'elles calment bien la soif, et semblent suspendre le mouvement intestin et le développement des particules ignées, il faut encore considérer qu'*elles peuvent fatiguer l'estomac, parce que le froid est astringent, qu'il augmente la force et l'action des solides, qu'il coagule les fluides, peut arrêter ou suspendre les évacuations, et augmenter la disposition inflammatoire.*

Ces boissons conviendront à ceux qui y sont habitués, et qui sont d'un fort tempérament, mais point du tout lorsqu'il y a de la toux, tumeur et douleur dans quelque partie, que le pouls est petit, concentré avec des anxiétés et du froid aux extrémités........

L'eau froide peut être considérée comme un très-bon cordial dans les faiblesses, sa fraîcheur cause une irritation sur les solides, qui fait revenir presque sur-le-champ, surtout si on l'emploie en même temps extérieurement.

.... Parmi le grand nombre de maladies qui affligent l'humanité, il y en a peu où la méthode rafraîchissante ne doive avoir lieu, puisque presque toutes sont chaudes, putrides, inflammatoires.

Les antiphlogistiques sont, dans ces cas, les remèdes les mieux indiqués; l'eau doit être regardée comme un puissant rafraîchissant antiphlogistique; elle diminue promptement et efficacement la raréfaction des humeurs, absorbe une quantité de parties ignées, elle aide l'activité des autres remèdes, en portant son action fraîche sur l'estomac, et les intestins qui la transmettent au reste du corps ; elle porte dans toutes les maladies putrides un secours bien plus intéressant que les bouillons gras qu'on a employés jusqu'à présent, et qui doivent être absolument proscrits.

.... L'eau est très-adoucissante, puisqu'elle n'a pas la moindre âcreté, qu'elle est insipide et sans goût ; qu'elle étend les fluides, humecte et diminue la tension des solides.

Conclusion.

D'après ce que nous venons de voir, il est facile de se convaincre que l'eau discrètement employée, doit réussir également dans les maladies aiguës et dans les maladies chroniques ; si les bains sont si utiles dans ces dernières, combien ne doit pas l'être l'eau prise intérieurement? On sent qu'elle doit concourir avec l'autre moyen à pénétrer et à dégorger les organes qui sont affectés. On est bien sûr qu'elle est le meilleur de tous les véhicules pour porter aux parties affectées les médicamens qui leur conviennent dans le degré de division nécessaire. Hoffman n'avait donc pas trop grand tort de donner à l'eau le titre de *remède universel*, puisqu'elle convient à toute constitution, à tout âge et dans tout temps; puisqu'elle maintient la santé, et sert à la rappeler toutes les fois qu'elle est absente. Il croyait, et nous sommes du même avis, qu'en faisant un bon usage de l'eau, on devait maintenir sa santé et prolonger sa vie en s'astreignant surtout à suivre les règles suivantes.

1° Eviter tout excès.

2° Vivre au bon air.

3° Se dissiper, et se livrer à la gaîté.

4° User d'alimens convenables à sa constitution.

5° Ne pas changer subitement ses habitudes.

6° Observer une juste proportion entre les alimens qu'on prend, l'exercice qu'on fait, et la force individuelle.

7° Fuir les médecins charlatans, ignorans, la multiplicité des remèdes, et surtout ceux qui sont violens.

Les préceptes capitaux pour ménager son existence se trouvent réunis dans ce peu de mots; les médecins, les moralistes sensés n'ont pas raisonné autrement. (L.-C.-H. Macquart, docteur-régent de la Faculté de Médecine de Paris, *Manuel sur les propriétés de l'Eau, particulièrement sur l'art de guérir.*)

La meilleure boisson est l'eau pure, légère, douce, fraîche, prise à un ruisseau clair ou à une fontaine de montagne, qui ait sa source au levant ou au midi. Cette boisson convient aux personnes de tout âge, de tout sexe et de tout tempérament.

.... Je conviens cependant que les personnes d'une constitution froide et délicate dont l'estomac est débile, ou celles qui n'ont pas été accoutumées, dès leur bas âge, à boire de l'eau pure, doivent la boire mêlée avec un peu de bon vin......... Une quantité de boisson quelconque affaiblit les organes digestifs en relâchant les fibres, en noyant les sucs, et en précipitant les alimens avant qu'ils soient digérés........ C'est de la tempérance du boire, du manger, de l'exercice, du travail, du sommeil, et de l'usage des femmes, que dépend notre santé.........

L'eau froide, bue après le repas, fortifie l'estomac et prévient les indigestions. Elle est bonne pour resserrer les vaisseaux après les coups, les chutes, soit qu'il y ait échymose ou non. Dans les distensions violentes des tendons et des ligamens, l'eau fraîche est très-bonne pour arrêter les hémorragies qui arrivent après les accouchemens. On applique des linges trempés dans cette eau sur le ventre dans ces cas urgens; et sur le front, pour arrêter celle du nez. L'eau chaude est propre pour atténuer ou diviser les humeurs épaisses. Si elle est bue par gorgée, aussi chaude qu'on peut l'avaler, elle facilite l'évacuation des vents.........

.... Les *bilieux* devraient presque toujours boire de l'eau, parce que le vin et les liqueurs leur sont très-contraires; ils doivent même boire plus abondamment que dans tout autre tempérament, parce que leurs fibres trop tendues ont besoin d'être relâchées par des humectans, des rafraîchissans et des adoucissans.......... Ils éviteront l'air chaud, l'usage du vin, des liqueurs spiritueuses; des alimens échauffans, les veilles et les passions vives. Ce régime préviendra des maladies très graves qui naissent d'une tension forte, de l'excès de chaleur, de sécheresse et d'âcreté dans les humeurs, dont ce tempérament est susceptible.

.... La boisson des *sanguins* doit être de bon vin mêlé avec partie égale d'eau de ruisseau ou de fontaine; et ceux qui abondent beaucoup en sang, doivent absolument éviter l'usage des mets salés, des vins et de toutes liqueurs spiritueuses....... Leur boisson sera de l'eau pure, du petit lait, etc...... Pour remédier aux maladies inflammatoires auxquelles ce tempérament est fort sujet, il faut qu'ils se mettent à un régime très-simple, qu'ils prennent des lavemens et boivent beaucoup d'eau, et peu ou point de vin; qu'ils se nourrissent de fruits bien mûrs et d'herbes potagères; enfin, ils éviteront en général tout ce qui peut échauffer et augmenter la quantité du sang..... Il faut interdire aux *enfans* le vin, le thé, le café, et les boissons échauffantes. (Frier, médecin de Grenoble, *Guide pour la conservation de l'homme, contenant les moyens propres à prolonger sa vie, à le maintenir en santé, et à le rétablir en cas de maladie, par des règles simples et faciles.*)

De l'eau froide et chaude.

Elle est des deux manières très-utile. On se sert de l'eau froide dans les chutes et les contusions. Il faut en appliquer à l'instant même des compresses sur la partie blessée, et les renouveler, dès qu'elles s'échauffent. Par ce moyen on prévient l'enflure, le sang extravasé, et les suites dangereuses de la faiblesse, etc. Ce moyen est aussi fort utile dans les hémorragies.

L'eau tiède avalée ou appliquée à l'extérieur, est un des meilleurs adoucissans. Quand on la boit (il est bon d'y faire infuser de la mélisse, ou de la fleur de camomille ou de sureau, et on la prend comme du thé), on peut en faire usage dans les crampes d'estomac et d'intestins, dans les vomissemens, et dans les maux de tête occasionés par l'estomac. (Guillaume Hufeland, docteur en médecine et professeur à l'université de Jéna, *l'Art de prolonger la vie humaine.*)

.... L'eau pure satisfait à un des besoins les plus impérieux, je veux dire, celui de boire ; et il paraît que la nature l'a donnée à l'homme, pour en faire usage telle qu'elle est, et sans mélange avec des substances étrangères, puisque dans beaucoup de pays, on ne connaît pas d'autre boisson. Nous avons l'expérience journalière que les enfans auxquels on donne du vin, du café, des liqueurs, croissent infiniment moins vite, et moins bien, que ceux qui n'ont fait usage que de l'eau pure ; cependant, lorsqu'on met quelques gouttes de vin dan leur eau, on ne doit pas croire qu'on puisse leur nuire ; au contraire, cette espèce de limonade quelquefois peut rendre l'eau moins crue et plus avantageuse ; elle n'est pas moins utile quand on a affaire à des malades qui refusent de boire des tisanes composées qui n'ont souvent pas la même efficacité que la limonade au vin, surtout quand on a besoin de soutenir un peu le ton des solides.

On a observé que *les buveurs d'eau sont* bien *moins sujets à la goutte*, *aux ophtalmies*, *aux tremblemens*, *aux maladies nerveuses et aux indigestions* que ceux qui sont accoutumés au vin, aux liqueurs, au café.

C'est une très-bonne méthode, de boire tous les matins, en se levant un gobelet d'eau, qu'on sucre, si on le juge à propos, pour débarrasser entièrement l'estomac des résidus de la digestion précédente.

L'eau qu'on boit en santé doit toujours être froide, autrement elle relâcherait les fibres de l'estomac, au lieu de lui donner du ton et de l'énergie. L'habitude de ne boire que de l'eau, a procuré les constitutions les plus heureuses, et les santés les mieux affermies. Ainsi l'on peut assurer que l'eau est la boisson la plus salutaire à l'homme; elle est d'un usage indispensable pour la préparation de toute espèce d'alimens; c'est le grand agent de la propreté particulière et générale ; et les bains sont une des grandes faveurs qu'elle dispense.

.... On doit éviter de puiser de l'eau sur les bords des rivières, surtout dans l'été, parce que les plantes qui se gâtent et se décomposent à mesure que l'eau se retire, contribuent à la corrompre.

Lorsqu'on craint que l'eau ne soit pas très-pure, lorsqu'elle a quelque goût léger, et qu'on n'a pas le temps de l'essayer, on fera très-bien de la faire bouillir, et d'y mêler quelques gouttes d'acide sulfurique ou de vinaigre, avant de s'en servir : c'est particulièrement pour les voyages d'outre-mer qu'on peut recommander cette précaution. Pour empêcher l'eau de se corrompre sur les vaisseaux, on a conseillé de jeter dans chaque barrique, de la chaux, ou de l'acide sulfurique, ou du soufre........

.... Les boissons à la glace sont délayantes, calmantes, fortifiantes, resserrent, empêchent la stagnation des humeurs ou leur trop grande évaporation. Elles doivent être proscrites, toutes les fois que l'estomac est vide, ou qu'on est en sueur, après s'être livré à de violens exercices.

Les tempéramens auxquels la glace réussit le mieux, sont les bilieux; elle convient aux personnes qui ont à craindre l'épuisement qui est la suite des grands travaux, mais dans les momens où elles transpirent le moins, et à celles qui sont pituiteuses, ou chez qui le mouvement des humeurs est lent et la digestion laborieuse.

Dans les climats ardens, l'usage habituel de la glace donne du ressort à l'estomac et soutient des forces, qui sans elle, s'énerveraient facilement.......

.... Les vieillards trouveront, dans l'usage du bain un peu chaud, le moyen de retarder la rigidité de leurs fibres, et de prolonger la durée de leurs jours. Les femmes, celles des villes surtout, qui font peu d'exercice, doivent prendre souvent des bains tièdes, qui entretiendront la souplesse de leur peau, s'opposeront aux mouvemens de nerfs, auxquels elles ont beaucoup de pente; elles transpireront mieux, et c'est un point très-important pour les personnes sédentaires.... On ne doit point entrer dans le bain quand on est en sueur et très-fatigué, surtout dans le bain froid et frais. On sent combien deviendrait funeste la suppression de la transpiration........

Lorsqu'on a quelque raison d'augmenter sa transpiration en sortant du bain, on doit se coucher, et se bien couvrir. Si, après un bain un peu chaud, on craignait le relâchement, on pourrait prendre une éponge, avec un peu d'huile d'olive, et même de l'eau froide et en frotter le corps.... Le bain ne convient point aux femmes accouchées depuis peu, et dans les momens critiques.

.... Le régime qui convient aux *sanguins*, doit être doux et tempérant; les alimens de très-haut goût, les corps gras, les farineux, les ognons leur sont souvent contraires; le pain bien cuit, la volaille et la viande de boucherie toujours entremêlée de végétaux, leur conviennent mieux. Ils doivent manger avec discrétion, pour ne pas favoriser le penchant que le sang a chez eux à se former, à s'épaissir, et à s'enflammer. Le vin trempé leur convient mieux que la bière; les liqueurs leur sont souvent pernicieuses ; ils doivent craindre les extrêmes du chaud et du froid, faire beaucoup d'exercice, ne pas trop se livrer au sommeil, et fuir les excès.

.... En géneral, le régime des *bilieux* doit être humectant, rafraîchissant et adoucissant ; l'eau pure en abondance, les boissons acidulées, le petit lait, les bains tièdes, leur conviennent beaucoup. Une diète trop austère, un air trop vif et trop chaud, les vins fumeux, les liqueurs spiritueuses, les longues veilles, les exercices violens, les boissons à la glace, leur sont très-nuisibles. Ils doivent faire usage des substances farineuses, nourrissantes, et de fruits. Ils s'abstiendront de viandes noires, fumées, de salaisons, et d'alimens très-aromatisés.

.... L'eau pure, l'air frais, l'exercice du cheval, la promenade, la paume, le billard, le jardinage, la musique, la bonne société sont toujours salutaires aux gens *mélancoliques*. Ce qu'on a recommandé aux bilieux pour la nourriture, convient à ceux-ci; les bains tièdes leur sont absolument nécessaires.

.... Tout ce qui rafraîchit, humecte ou relâche, est nuisible aux gens *pituiteux* ou *flegmatiques*. Ainsi, bannissez de leur régime, l'eau simple, les liqueurs acides, les fruits acides, les salades, les soupes, le bouilli, les chairs de jeunes animaux, les farineux, et les alimens préparés, sans que leur goût soit relevé par des sauces piquantes et aromatiques. Le chocolat, le punch, le bon vin, les bonnes liqueurs, du pain très-cuit et salé, des rôties, des viandes grillées, des ragoûts, le céleri, les artichauts, les asperges, l'ail, les radis, le cresson, la moutarde, le sucre, la glace, leur seront toujours favorables. Beaucoup d'exercice de tout genre, les bains froids, les frictions ne doivent pas être oubliés ; il faut s'opposer à un embonpoint qui n'est pas la santé. (L.-C.-H. Macquart, *Dictionnaire de la Conservation de l'homme*, ou *d'Hygiène*, etc.)

La boisson la plus naturelle à l'homme, celle qu'il trouve dans tous les pays qu'il habite, qui sort des entrailles de la terre pour lui comme pour tous les autres animaux, et qu'il savoure toujours avec un nouveau plaisir, est l'eau......... Que ses élémens se réunissent d'une manière ou d'une autre, ils constituent également un liquide pur, clair, transparent comme le cristal, sans odeur, ni couleur, ni saveur, tant qu'aucune matière étrangère n'y est point combinée : telle est la meilleure eau, celle que l'on doit choisir de préférence à toute autre pour l'usage domestique, comme pour la boisson....... Elle convient aux *enfans* pour entretenir leurs fibres dans l'état de mollesse nécessaire à la nutrition et à l'accroissement, et conserver aux humeurs le caractère de douceur qu'elles doivent avoir pour circuler aisément et partout; elle est utile dans la *jeunesse*, pour prévenir l'éréthisme des vaisseaux et remédier à la trop grande chaleur que sont trop disposées à prendre les liqueurs qui les parcourent; elle est nécessaire aux tempéramens *bilieux*, pour diminuer l'acrimonie de la bile, qui amène chez eux les maladies inflammatoires. ...... Elle est le dissolvant par excellence, et comme telle, elle délaie et affaiblit les sels acrimonieux, résout les viscosités, conserve le sang dans cette fluidité que demande sa circulation facile dans les capillaires; elle est aussi le remède principal dans beaucoup de maladies.....

Les effets de l'eau varient suivant les différens états qu'elle peut prendre : elle est *tonique* sous celui de *glace*, ou approchant ; *tiède*, elle est *relâchante*, *émolliente ; chaude*, elle sollicite à *vomir* et *purge ;* enfin, elle *crispe* et *corrode* lorsqu'elle est au terme de l'*ébullition* ou qu'elle en approche. L'eau est le menstrue le plus propre à dissoudre tout ce que les alimens peuvent contenir de nourrissant; et comme telle, elle ne peut qu'être très-avantageuse au travail de la digestion quand elle est modérément prise. La meilleure est celle qui est toujours en contact avec l'atmosphère..... (P.-H. Petit-Radel, professeur à l'École de Médecine de Paris, etc.; *Institutions de Médecine*, ou *Exposé sur la théorie et la pratique de cette science, d'après les auteurs anciens et modernes.*)

Les boissons ont pour usage immédiat de favoriser la digestion des substances solides..... Les flegmatiques ont moins de disposition à boire que les sanguins et les colériques. Les hommes qui travaillent doivent boire davantage que ceux d'une vie sédentaire, et plus en été qu'en hiver, afin de remplacer les humeurs évacuées par la transpiration.

...... L'eau *froide*, quand on en use modérément, *fortifie* l'estomac, et ne devient affaiblissante, que quand on la boit en trop grande quantité. L'eau *chaude* est toujours *relâchante*; elle l'est encore davantage quand on en boit copieusement; elle reste plus long-temps dans l'estomac que l'eau froide, et, par conséquent est plus oppressive. Une liqueur froide stimule l'estomac, mais une chaude diminue son énergie.

...... Comme la santé de l'homme dépend principalement de la pureté et de la salubrité de l'eau dont il se sert, on doit, lorsque cela est nécessaire, la dépouiller de ses qualités pernicieuses, soit en la faisant bouillir, soit en la filtrant; mais, plus efficacement, en la distillant. On peut corriger, au moyen d'un acide, les substances putrides qui sont dans l'eau. Une demi-once d'alun en poudre, rendra douze gallons d'eau corrompue, pure et transparente, dans l'espace de deux heures, sans lui communiquer aucune qualité astringente. Dans de longs voyages, une petite quantité de chaux vive peut préserver l'eau de la corruption. Pour l'empêcher de se putréfier en mer, on met dans chaque tonneau un peu d'acide sulfurique, qui la conserve pure et saine pendant un an. On a remarqué aussi que la poussière de charbon de terre est excellente pour arrêter la tendance putride de l'eau.

.... *L'usage abondant du vin, lors même qu'il ne cause pas l'enivrement, est cependant très-affaiblissant pour l'estomac. Il excite la diarrhée, dessèche les fibres, amène la maigreur, l'hydropisie, et l'hébétude des facultés intellectuelles.* Les jeunes gens pléthoriques, et ceux qui ont l'estomac et les poumons faibles, ne doivent point s'accoutumer à l'usage du vin. C'est une pratique très-pernicieuse que d'en donner aux enfans ou aux adolescens, à moins que ce ne soit en très-petite quantité. En un mot, *on ne doit employer le vin que comme un remède*, ou un médicament héroïque, si l'on veut qu'il produise des effets salutaires. Il est très-bon aux flegmatiques, aux vieillards, à ceux qui sont disposés à la flatulence, et après un repas copieux, pourvu qu'on en use avec prudence et modération........... (Willich, *Hygiène domestique*, ou *l'Art de conserver la santé et de prolonger la vie, mis à la portée des gens du monde*, etc., traduit de l'anglais, par E.-M. Itard, médecin de l'institution nationale des sourds-muets.)

Lorsqu'on se porte bien et que l'on est dans la force de l'âge, l'eau est une boisson salutaire. A cette époque, il est plus utile pour la santé de tempérer les forces que de les exciter...... Les eaux de pluie et de rivière doivent être préférées, pour les différens usages de la vie, aux eaux de puits, d'étang, de marais, et à toutes celles qui n'ont aucun écoulement. L'on reconnaît qu'une eau est pure, lorsque sa légèreté approche de celle de l'eau distillée; lorsqu'elle est claire, limpide, sans odeur ni couleur; que sa saveur est vive, fraîche et pénétrante; lorsqu'elle dissout bien le savon, qu'elle fait bien cuire les légumes, qu'elle bout promptement et se refroidit de même; enfin, lorsque étant agitée, elle dégage les bulles d'air, qu'elle extrait aisément l'aromate et qu'elle prend le goût des végétaux, traitée à l'instar des boissons théiformes........ (Philibert Perier, *l'Ami de la Santé*, *pour tous les sexes et tous les âges.*)

.... Les boissons doivent être prises en quantité plus ou moins grande, suivant les constitutions individuelles qui, en raison de leur degré de sécheresse ou d'humidité, présentent des différences très-grandes, relativement à la quantité et au degré de liquidité des sucs salivaires et gastriques. Les personnes sèches et bilieuses, dont les organes sont très-irritables et dont la chaleur propre est plus ardente, dont les évacuations intestinales sont plus habituellement dures et sèches, qui sont ordinairement constipées, ont besoin d'une plus grande quantité de liquides aqueux et frais.

.... L'eau est la plus simple et la plus essentielle des boissons, et ce n'est même qu'en proportion de ce qu'en contiennent les alimens, qu'on peut se dispenser de recourir à son usage. Ses avantages, quand elle est pure, sont d'étancher la soif, en humectant les organes salivaires et ceux de la déglutition ; de délayer les alimens, et par-là d'en faciliter le mélange soit entr'eux, soit avec les sucs gastriques, et de rendre ainsi plus aisée l'action de l'estomac sur la masse alimentaire; enfin, de réparer les liquides épuisés par toutes les voies d'évacuation : mais elle ne suffit pas dans la soif intense, à moins d'être prise en quantité qui peut devenir préjudiciable. En trop grande abondance, elle énerve les forces digestives, et ne convient pas seule quand celles-ci ont besoin de stimulans : c'est ce qu'on observe chez les personnes dont l'estomac est faible, inactif, et se charge d'une grande quantité de glaires. (Hallé et Nysten, *Dictionnaire des Sciences médicales*, tom. 3, article Boisson.)

.... L'eau *chaude excite*, l'eau *tiède* est *relâchante*, l'eau *fraîche désaltère* et modère la chaleur animale, l'eau *froide*, immédiatement sédative, peut déterminer ensuite un mouvement de réaction, d'où résulte un effet *tonique*..... (Nysten, *ibid.*, tome x, article Eau.)

.... Le premier remède que l'instinct et la nature offrirent à l'homme blessé, fut l'eau : dans l'enfance du monde, il ne dut pas en avoir d'autre ; et on cite encore des peuples qui ne connaissent que cette médecine........ Dans l'insolation et les ophtalmies auxquelles l'usage d'aller tête nue exposait les anciens habitans de la Grèce asiatique, et surtout dans les rougeurs du visage (goutte-rose) auxquelles ils n'étaient pas moins sujets, on avait recours aux ablutions d'eau, dont on leur fit, dans la suite, un devoir et un précepte religieux. Long-temps ils ne s'étaient servis que d'eau commune, qu'on leur versait sur la tête avec une coquille en forme de vase, ou dont on leur aspergeait la face avec une poignée d'hysope ou d'origan........

La manière la plus douce et la plus efficace de panser les ulcères scrofuleux, c'est de les laver avec de l'eau, dans laquelle on aura fait dissoudre du sel marin. Les cicatrices, trop sèches, trop serrées qui succèdent aux plaies ou aux ulcères de quelque importance, s'amollissent très-bien et s'assouplissent par l'usage de l'eau, et deviennent beaucoup moins sensibles aux impressions du froid, ainsi qu'aux variations de l'atmosphère.

Dans les grandes contusions, sugillations, et échymoses, l'eau en bain, en lotion, etc., est peut-être le meilleur de tous les résolutifs. Un blessé meurtri par une chute, par une violente fustigation, par le supplice des verges, est bientôt rétabli, si on le lave souvent avec de l'eau, d'abord dégourdie; et qu'ensuite on emploiera plus ou moins froide; si on le baigne long-temps, et que, dans l'intervalle des bains, on couvre de compresses ou d'éponges, imbibées d'eau les parties les plus maltraitées........

Après des efforts trop violens qui ont fatigué les muscles, et les ont mis dans un état approchant de la contusion, rien ne délaie et ne répare mieux que des lotions et des douches d'eau. Dans les allongemens forcés des membres, dans les distorsions, et divulsions des articles, c'est aussi l'eau qui fait le plus de bien........ Quand on s'est fait une entorse, la première chose qu'on doit demander, c'est de l'eau fraîche........ En général, l'eau prévient le dessèchement, l'émanation, l'endurcissement........ Les expériences d'Haller et de Fontana qui savaient, avec de l'eau tiède, réveiller chez les animaux, l'irritabilité, et même la vie éteinte, nous apprennent tout ce qu'on peut attendre de ce liquide humectant et pénétrant, dans les divers cas où il faut assouplir, relâcher, gonfler des parties raides, tendues, amaigries...... Les fluxions vénériennes des testicules, et celles occasionées par le froissement de ces organes, seraient promptement résolues, si, dès leur invasion, on recourait aux bains locaux et aux applications d'eau froide...... (Percy, *ibid.*)

..... L'eau concourt avec la terre, l'air et le feu, à renouveler, à propager, à nourrir les végétaux, les animaux, et à les perpétuer; l'eau est aussi nécessaire à la fécondité de l'homme qu'à celle des animaux et des végétaux. L'embryon, le fœtus sont submergés dans ce fluide depuis l'instant de la conception jusqu'au moment de l'accouchement.

L'eau concourt intérieurement à développer leurs vaisseaux, à former leurs calibres, à faciliter la circulation du sang qui s'y forme, à nourrir les parties solides, à les faire croître et à leur donner les qualités nécessaires pour opérer les fonctions vitales et animales.

C'est ainsi que l'eau entre dans les principes constitutifs de l'homme jusqu'à sa naissance; dès qu'il est né, elle sert à régénérer, et continue, dans l'ordre naturel, de concourir à la perfection de son être physique et de ses fonctions vitales; ce qui prouve évidemment que nous devons chercher la cause des maux qui nous affectent durant le cours de la vie, plutôt dans les fluides que dans les solides, puisque les premiers donnent naissance à ces derniers et les entretiennent constamment.

L'eau n'est pas moins propre à rétablir la santé, que nécessaire pour la conserver; prise intérieurement, elle donne de puissans secours dans les maladies aiguës et chroniques ; appliquée extérieurement, elle rend les autres secours très-souvent plus efficaces. (Frier, médecin de Grenoble, *Mémoire sur les Eaux minérales et salines de la Motte*, etc.)

Rien ne contribue plus à la conservation de la santé, que l'usage des bonnes eaux, comme rien n'est plus capable de l'altérer, que celles qui possèdent de mauvaises qualités. Les Romains n'épargnaient ni dépenses ni peines, pour se procurer des eaux saines : souvent même, lorsque le pays n'en possédait pas de semblables, ils en faisaient venir de fort loin, au moyen d'aquéducs qu'ils construisaient à grands frais, tant ils étaient persuadés de l'utilité et de l'importance de se procurer une boisson salutaire.

.... L'eau la plus convenable pour l'usage est celle qui est légère à l'aréomètre, et qui ne produit pas un sentiment de pesanteur dans l'estomac ; qui est claire, limpide, sans couleur, sans odeur, sans saveur, et agréable au goût ; qui s'échauffe promptement et se refroidit de même ; qui dissout aisément le savon, et qui cuit et amollit les légumes. Une eau qui possède ces qualités, ne donne à l'analise que très-peu de matières hétérogènes.

On reconnaît encore qu'une eau est bonne, lorsque sur les rives de la fontaine, du ruisseau, de la rivière, il ne croît ni joncs, ni mousse, ni aucune plante aquatique ; lorsqu'elle sort de la fente d'un rocher, claire et limpide, et qu'elle coule sur un lit de sable, sans sédiment, ou sur un cailloutage bien net. Enfin, sa salubrité se confirme par la bonne santé de ceux qui en font usage, par la force et la vigueur des animaux et des plantes du pays. Quand on voit les habitans d'un canton conserver les yeux sains, les dents blanches, et n'être pas sujets aux maladies de la peau, c'est un indice qui doit faire juger favorablement des eaux que l'on y boit. En général, leurs bonnes qualités attestent presque toujours la pureté de l'air ; il est rare que celui-ci soit malsain dans un pays qui a l'avantage de posséder de bonnes eaux.

Les eaux de puits, et généralement toutes les eaux dures et crues, cessent de produire des coliques d'estomac et d'entrailles, lorsqu'après les avoir fait cuire, on les expose pendant vingt-quatre à trente-six heures au grand air, dans des vaisseaux de terre amples et évasés ; les sels qui y étaient tenus en solution se précipitent par l'évaporation, et les miasmes nuisibles, lorsqu'elles en contiennent, se volatilisent et s'en séparent. Elles ne conservent tout au plus, par ce moyen, qu'une vertu légèrement purgative, qui est due aux sels déliquescens non susceptibles de se précipiter; mais il est plus sûr de les filtrer ensuite dans le sable, avant que d'en faire usage.

Lind a proposé une méthode très-simple et très-facile, propre à remplir cet objet. Elle consiste à prendre un tonneau défoncé par un des bouts, et à placer dans le milieu un autre tonneau plus long et moins large, défoncé aux deux extrémités. On remplit de sable le premier, à un tiers de sa hauteur, et celui du milieu à environ la moitié. On met l'eau qu'on veut filtrer dans le dernier; elle passe à travers le sable des deux tonneaux, et vient s'élever au-dessus du tonneau extérieur, d'où on la tire par un robinet dans des vaisseaux propres à la recevoir.

Lorsque les circonstances ne permettent pas de faire usage de ce procédé, on conseille de mêler avec l'eau une petite quantité de vin.......

La distillation est le moyen le plus sûr et le plus efficace pour débarrasser l'eau de toutes les matières étrangères qui l'altèrent. Ce procédé est peut-être le seul qui puisse rendre potable celle de la mer. On parvient à la dessaler complètement à l'alambic; mais on n'est pas toujours à portée de pratiquer cette opération, et l'on n'a pas toujours, en voyage, les vaisseaux distillatoires à sa disposition.

.... *L'eau pure* et *fraîche humecte*, *désaltère* et *rafraîchit; elle donne du ton à l'estomac*, et de là, à tout le système; *elle aide la digestion*, *fournit un véhicule nécessaire aux humeurs*, *dissout les matières excrémentielles*, *et les entraîne avec elle hors du corps. Les buveurs d'eau mangent ordinairement beaucoup*, *digèrent bien et parviennent à une grande vieillesse, exempts des infirmités auxquelles sont sujets les autres hommes.* L'usage de cette *boisson*, que la nature a destinée aux besoins des hommes et des animaux, *convient à tous les âges et à toutes les constitutions*............ Il en est de l'eau comme des autres choses les plus salutaires; elle fait du bien tant qu'on en use sobrement, et devient nuisible, dès qu'on en abuse...

.... L'eau, ainsi que l'a remarqué Hippocrate, décide des maladies aiguës de poitrine, telles que la pleurésie et la péripneumonie, lorsqu'on a l'imprudence d'en boire pendant que le corps est échauffé et en sueur, parce qu'elle décide brusquement le refoulement des forces vers l'intérieur, qui, se changeant en spasme, empêche la résorption des fluides perspirables, ou détermine un surcroît d'action dans la partie qui devient leur aboutissant : telle est la cause la plus ordinaire de la plupart des maladies qui exercent les plus grands ravages dans les armées, parmi les gens des campagnes et les artisans. On les préviendrait aisément si on avait la sage précaution de ne se désaltérer qu'après quelques momens de repos, durant lesquels le corps se serait rafraîchi et aurait repris son état naturel. L'eau froide est très-utile dans les affections bilieuses, dans les grandes douleurs de tête, et dans les spasmes... (Etienne Tourtelle, de Besançon, professeur à l'Ecole spéciale de Médecine de Strasbourg, *Elémens d'Hygiène*, ou *de l'Influence des choses physiques et morales sur l'homme, et des moyens de conserver la santé.*)

FIN.

TABLE
DES MATIÈRES,

Indiquant les noms des Docteurs et autres Auteurs dont l'opinion est citée.

Pages.

Addition aux observations du docteur Edward Rowe.

FIN DE LA TABLE DES MATIÈRES.

www.ingramcontent.com/pod-product-compliance
Ingram Content Group UK Ltd.
Pitfield, Milton Keynes, MK11 3LW, UK
UKHW031835260826
14628UKWH00001B/404

9 782014 114539